LES TORRENTS

Paris. — Typographie de Georges Chamerot, rue des Saints-Pères, 19.

LES

TORRENTS

LEURS LOIS, LEURS CAUSES, LEURS EFFETS

MOYENS DE LES RÉPRIMER ET DE LES UTILISER

LEUR ACTION GÉOLOGIQUE UNIVERSELLE

PAR

MICHEL COSTA DE BASTELICA

CONSERVATEUR DES EAUX ET FORÊTS.

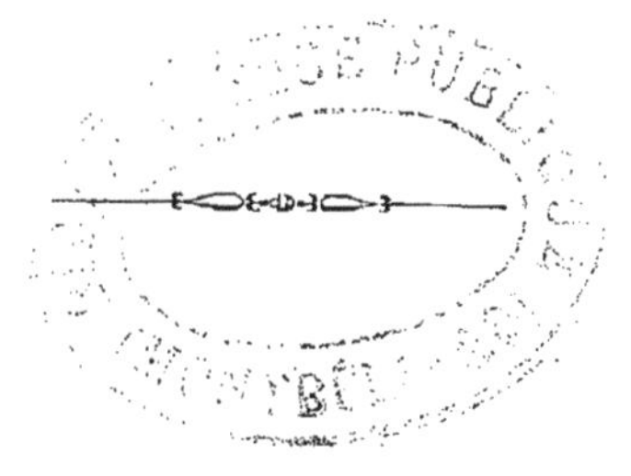

PARIS

LIBRAIRIE POLYTECHNIQUE

J. BAUDRY, LIBRAIRE-ÉDITEUR

RUE DES SAINTS-PÈRES, 15

MÊME MAISON A LIÈGE

1874

LES TORRENTS

INTRODUCTION

Je ne crois pas avoir besoin d'insister beaucoup sur l'importance du sujet que j'entreprends d'étudier et sur l'intérêt qu'il présente, soit qu'il s'agisse de protéger les vallées contre les eaux torrentielles débordées, soit au point de vue de la science.

Le problème des moyens à employer, dans l'intérêt de la sécurité publique, s'impose avec une force de plus en plus grande. Non-seulement en France, mais dans une grande partie du midi de l'Europe, le fléau des inondations prend un caractère alarmant, de nature à inspirer les plus sérieuses inquiétudes sur l'avenir. L'opinion publique s'émeut lorsqu'une de ces grandes catastrophes vient périodiquement, à des intervalles de plus en plus courts, répandre la désolation dans les campagnes et dans les villes; mais, dès que le danger est passé, elle oublie et s'endort dans une fausse sécurité. Un péril des plus menaçants plane sans cesse sur la société. Au moment où on y pense le moins, il suffit du concours de certains météores pour faire des monceaux de ruines et causer des dommages incalculables. Sans pouvoir préciser le moment, on peut affirmer que dans un temps assez rapproché nous aurons à subir quelque grand désastre de ce genre. A ce point de vue, aucune étude n'a donc plus d'actualité que celle des torrents.

D'un autre côté, à mesure que la science s'enrichit d'observations et d'études qui font mieux connaître les causes et les lois de l'univers, on constate de plus en plus l'action universelle des courants torrentiels. C'est par le travail des eaux que les vallées ont été creusées, et que des formations géologiques, dont les proportions gigantesques étonnent, se sont produites à la surface de la terre et dans son intérieur, jusqu'aux plus grandes profondeurs. L'empreinte des courants est si visible et si caractérisée dans tout ce travail des grandes transformations du globe, que l'idée d'une cause unique a frappé les meilleurs esprits.

Quel intérêt ne s'attache-t-il donc pas à la connaissance de la force qui a joué un si grand rôle dans l'économie universelle, et qui en même temps est demeurée de nos jours un si formidable instrument de destruction!

Aussi l'étude des torrents a-t-elle depuis longtemps le privilége d'exciter l'attention des savants. En 1842, l'Institut couronnait l'ouvrage si remarquable que M. Surell a intitulé *Étude sur les torrents des Hautes-Alpes*. M. Cézanne en a donné une nouvelle édition qu'il a enrichie d'observations du plus haut intérêt (1).

M. Scipion Gras, ingénieur en chef des mines, et M. Philippe Breton, ingénieur en chef des ponts et chaussées, ont traité le même sujet en se plaçant à des points de vue différents et en pénétrant plus avant au cœur de la question.

Une science nouvelle tend à s'élever sur ces travaux, et elle paraît destinée à devenir une des branches les plus importantes des sciences cosmogoniques.

L'étude des torrents qui, jusqu'en 1860, était

(1) *Étude sur les torrents des Hautes-Alpes*, par Alexandre Surell, deuxième édition, avec une suite par Ernest Césanne, 2 vol. grand in-8, avec vignettes et deux cartes géologiques, 1872. 35 francs.

demeurée presque exclusivement dans le domaine de la science théorique, où tous les systèmes peuvent se produire librement, est entrée dans une phase décisive et féconde en résultats, celle de l'expérimentation. Par la loi du 28 juillet 1860, l'administration des forêts a été chargée de l'exécution des travaux de reboisement, en vue de combattre les torrents. J'ai eu la bonne fortune d'être appelé à diriger le service destiné à opérer dans les Hautes-Alpes, précisément dans cette terre classique des torrents si éloquemment décrits par M. Surell. Je l'avoue, cette question m'a passionné, elle a exercé sur moi une attraction irrésistible. J'ai fait exécuter des travaux considérables, j'ai lutté corps à corps avec les plus terribles torrents des Alpes, et je crois avoir appris à les connaître. En même temps que nous expérimentions les procédés propres à contenir ces forces monstrueuses et à protéger les vallées contre leurs attaques, le rôle de ces puissants agents dans l'œuvre de la création se révélait à nos yeux dans toute sa grandeur.

Le problème soulevé par les torrents est complexe. Derrière la question technique, il y en a d'autres se rattachant à l'économie forestière, pastorale et agricole des montagnes, et impliquant de sérieuses difficultés d'administration et de législation. Pour opérer dans le bassin des torrents, on se trouve en contact, souvent en opposition avec les besoins et les habitudes des populations. Ces deux ordres d'idées sont entièrement distincts. L'élément technique de la question est sans contredit le plus important, et il est la base de tout le système; je ne m'occuperai donc que de lui seul. Il sera facile de résoudre les difficultés d'un autre ordre, sous la pression de la nécessité, quand il sera démontré par la science et prouvé par l'expérience qu'on peut mettre un terme aux débordements des cours d'eau par un ensemble de travaux simples et relativement peu coûteux, combiné avec de sages mesures conservatrices.

Ceci posé, je crois devoir d'abord exposer synthétiquement l'idée fondamentale de la nouvelle théorie torrentielle.

Ce qui m'a frappé dans toutes les études précédentes concernant l'hydrologie en général, c'est qu'on ne se préoccupe à peu près exclusivement que du débit. Sans doute, on y tient compte des matériaux charriés par les courants au moment des crues, mais, en somme, la cause supposée des débordements reste toujours l'excès du débit. Toutes les discussions auxquelles on s'est livré et auxquelles ont pris part les savants les plus éminents, n'ont porté que sur les causes qui pouvaient agir sur le débit. Tout le débat a été ramené à la perméabilité ou à l'imperméabilité du sol. L'utilité des forêts elle-même n'a surtout été examinée qu'à ce point de vue restreint. Toutes les recherches pour combattre les inondations n'ont eu d'autre objectif qu'une action à exercer sur le débit. On a toujours raisonné et calculé comme si au moment d'une crue excessive il ne se passait autre chose qu'une augmentation du volume du courant, sans variation dans la loi hydraulique, Je me hâte de le dire, je considère cette manière de voir comme erronée, et c'est ici que je me sépare de mes devanciers.

Pour moi, il y a plus qu'une variation dans le débit. Au moment des grandes crues, lorsqu'un cours d'eau, grand ou petit, charrie des masses solides considérables formées de terres et de pierres de toute nature et de toute dimension, un phénomène capital se produit. C'est une perturbation plus ou moins grande dans la marche du courant et dans les lois qui le régissent. C'est ce que j'appelle le phénomène torrentiel, ou soit la torrentialité, c'est-à-dire une action d'autant plus perturbatrice que les causes secondes qui la produisent, savoir la masse des matières entraînées, sont plus considérables.

A ce point de vue, les torrents des Alpes les plus

fougueux ne sont qu'un cas extrême d'un phénomène général qui se produit plus ou moins voilé ou accentué dans tous les cours d'eau qui ne sont pas d'une tranquillité complète.

L'effet caractéristique de cette action perturbatrice, c'est l'instabilité dans le courant.

Lorsqu'un cours d'eau ne charrie point de matières, quel que soit le volume de l'eau, l'écoulement s'effectue avec une grande stabilité d'après les lois hydrauliques. Les brusques variations du débit, en élevant ou abaissant le niveau, engendrent des variations dans la vitesse : dès lors une certaine perturbation en est la conséquence ; mais l'action de la pesanteur sur le fluide s'exerçant toujours dans sa toute-puissance et s'équilibrant avec les résistances dues uniquement aux frottements, la stabilité tend sans cesse à s'établir. A une élévation du niveau correspondant toujours une plus grande vitesse, il est rare que les eaux s'élèvent au-dessus des rives.

La perturbation engendrée par les matières entraînées est autrement grave. Si la matière du courant est profondément modifiée en substance, si à une eau claire et possédant toute sa fluidité, par exemple, se substitue un liquide visqueux; si de plus le torrent est soumis à un travail mécanique consistant dans le charroi d'une certaine quantité de matières solides, les conditions sont profondément modifiées. D'abord on n'a plus de l'eau, mais plutôt un état de l'eau soumis à toutes les variations en tant que fluide. Le travail imposé au courant développe des résistances soumises elles-mêmes à toutes les variations. De là naît une extrême instabilité, ou, en d'autres termes, la torrentialité.

L'expérience démontre que cette perturbation, engendrée par des causes secondes, exerce sur les cours d'eau une action beaucoup plus puissante que celle provenant des simples variations du débit.

Dans les grands torrents des Alpes, qui charrient, au moment des grandes crues, des masses énormes de matériaux, depuis le grain de sable jusqu'aux plus gros blocs, et qui de plus sont extrêmement boueux, la perturbation est telle que les lois hydrauliques paraissent complétement renversées et produisent des effets diamétralement opposés à l'état normal. Par exemple, le lit, au lieu d'être concave, est bombé ; le courant, au lieu de suivre les dépressions du sol qui lui offrent les plus grandes pentes, tend au contraire à s'élever et à suivre les points culminants du sol. La surface de l'eau elle-même est bombée ; les effets dynamiques les plus extraordinaires se produisent ; le cours d'eau, en proie à un véritable état révolutionnaire, devient l'image de la plus folle instabilité.

C'est là, je le répète, un cas extrême du phénomène torrentiel et dont l'étude est éminemment propre à nous révéler ses lois; mais pour être moins accusée, cette perturbation n'en est pas moins sensible dans les cours d'eau ordinaires qui charrient plus ou moins, lorsqu'ils entrent en crue. Le redoutable phénomène se reconnaît à des signes révélateurs certains. La surface de l'eau tend à se bomber; elle est sillonnée par des courants qui se déplacent avec une grande mobilité en variant de vitesse. Le courant principal, au lieu de s'établir au-dessus des bas-fonds, tend au contraire à suivre la ligne des hauts-fonds et à envahir les bancs de graviers s'il en existe. Au rebours de l'état normal, la plus grande vitesse du courant se produit le long des rives, ce qui est une cause de corrodation de celles-ci.

Évidemment, ce sont là des effets qui ne peuvent être que le produit de causes secondes perturbatrices, puisqu'il serait matériellement impossible que de simples variations dans le débit fussent la cause d'une telle instabilité.

Un œil exercé, d'ailleurs, juge par le simple

aspect du lit d'un cours d'eau quelconque du degré de torrentialité auquel il est exposé.

Et tout d'abord, lorsque les rives sont couvertes de verdure tout le long et jusqu'au bord de l'eau; lorsque les saules laissent impunément leurs branches traîner dans le courant, c'est un signe certain de grande stabilité ou de tranquillité. Si, au contraire, les rives sont dépouillées de végétation et portent des traces de corrodation; si, de plus, on commence à apercevoir çà et là des bancs de graviers, c'est le signe d'un commencement de torrentialité.

Ces signes révélateurs s'accentuent de plus en plus, suivant le régime particulier de chaque cours d'eau; et lorsque, comme dans la Durance, le phénomène torrentiel atteint un haut degré d'intensité, on voit les eaux divaguer sur d'immenses plaines de cailloux en se divisant en plusieurs branches, qui se déplacent à la moindre crue.

L'état et l'aspect des îles comprises entre ces branches offrent une caractéristique certaine du plus ou moins de stabilité dans le régime du cours d'eau. Lorsque ces îles sont couvertes de vieux bois, et mieux encore, si on s'est décidé à les habiter, quand il s'agit de grands fleuves, c'est un signe de grande stabilité. Si, au contraire, ces dépôts sont dépouillés de végétation, et n'ont même pas encore acquis cette teinte terne que leur donne l'exposition prolongée à l'air, c'est que l'instabilité est très-grande.

L'existence d'une perturbation torrentielle, due aux matières entraînées, est donc démontrée. Il y a plus, cette perturbation est soumise à des lois aussi constantes que celles qui président à l'écoulement de l'eau. Ce qui le prouve *à priori*, c'est la forme des dépôts qui sont le produit de cette action.

Rien n'est plus désordonné en apparence que les crues des grands torrents des Alpes. Ceux qui ont lu la saisissante description de M. Surell savent qu'elles offrent l'image du chaos : des blocs roulant avec un fracas épouvantable en s'entre-choquant; un courant d'un noir d'encre bondissant à travers tous les obstacles et divaguant avec une extrême mobilité sur une immense surface, sans pouvoir se fixer nulle part. On devrait croire que cette masse énorme de pierres entraînées par les eaux va être dispersée au hasard, et produire des amas confus sans aucune règle; au contraire, et c'est là un fait curieux d'une immense portée, c'est que le torrent a beau pendant des siècles poursuivre son travail de déblai dans la montagne et de remblai dans la plaine, il peut indéfiniment multiplier ses crues et charrier des matériaux ; le résultat constant de cette action continue, l'intégrale de tous ces remblais élémentaires, ce qu'on appelle le lit de déjection, affecte une forme géométrique d'une régularité parfaite. La détermination de la loi géométrique de cette surface offre de grandes difficultés. Je dirai mon sentiment plus loin à ce sujet ; mais, quelle qu'elle soit, la loi géométrique existe, elle est visible ; et c'est ce qu'il nous suffit d'établir pour le moment. Nous pouvons en conclure avec certitude que ce travail torrentiel, en apparence si désordonné, est soumis à des lois constantes, ces lois n'étant autres que celles de l'instabilité,

Ainsi il y a perturbation. Cette perturbation est soumise à des lois fixes ; tout l'intérêt de la question est donc ramené à la détermination de ces lois.

L'étude des lois torrentielles est appelée à jeter le plus grand jour sur le problème des inondations et à en indiquer la solution rationnelle. Pour chaque cours d'eau, et suivant son régime propre, on aura à tenir compte, pour chaque partie de la surface du bassin, non-seulement du coefficient de débit, mais aussi du coefficient de perturbation. La perméabilité ou l'imperméabilité du sol cesseront d'être l'unique élément des recherches. Une autre donnée plus importante, et jusqu'ici négligée, se trouvera introduite dans le problème.

La détermination de ces lois, indispensable au point de vue de la régularisation du régime des cours d'eau, est en même temps du plus haut intérêt pour la science. D'après ma conviction, ces lois sont destinées à éclairer d'un jour nouveau les points les plus obscurs et les plus importants de la physique terrestre et même de la cosmogonie universelle.

Je l'ai déjà dit, les courants ont joué un rôle immense dans les révolutions du globe. Ceci n'est plus contesté. On n'est pas éloigné même d'admettre qu'ils sont la cause de toutes les plus grandes transformations géologiques ; mais en comparant d'une part l'immensité du travail accompli, de l'autre ce qu'on sait des cours d'eau considérés dans leur état de stabilité hydraulique, il existerait une telle disproportion entre les effets et la force supposée être la cause, que l'esprit reste suspendu, admettant avec peine une pareille explication des plus grands phénomènes de la nature.

Cette incertitude cessera quand on connaîtra à fond toute la puissance du phénomène torrentiel. Il fallait en effet une grande force pour exécuter un pareil travail; mais il fallait de plus que cette force fût perturbatrice et soumise aux lois de la plus extrême instabilité. Jamais une force stable, quelle que fût son énergie, n'aurait pu pétrir tous ces matériaux, les amalgamer, les charrier, les disperser et les déposer d'après des règles aussi savantes. Le phénomène torrentiel est le manœuvre qui a accompli pour ainsi dire automatiquement toute l'œuvre géologique, depuis que le globe sortant du chaos et à peine ébauché a commencé à dessiner sa forme jusqu'à nos jours.

Dans un chapitre spécial, à la fin de cette étude, j'exposerai quelques réflexions sur la physique terrestre et la cosmogonie. J'ai voulu seulement, dans cette introduction, indiquer le point de vue auquel je compte envisager la question des torrents et en faire ressortir l'importance.

Pour résumer toute ma pensée en peu de mots, voici sous quel aspect on peut envisager tout le fond de cette synthèse des torrents.

Dans la nature, deux forces opposées l'une à l'autre sont sans cesse en présence et en action : l'une s'appelle la force vive, elle réside dans les fluides, elle engendre le mouvement; l'autre, inhérente à la matière, appelée la force d'inertie, sert de contrepoids nécessaire à la première. Lorsque ces deux forces sont en équilibre, l'ordre existe. Les lois de la gravitation universelle, découvertes par Newton, tendent à maintenir la permanence de cet ordre, c'est-à-dire la stabilité de l'univers, entendue dans son vrai sens, non de l'immobilité, mais du mouvement réglé. Mais Newton lui-même constata des perturbations dans la grande machine, et crut qu'il serait nécessaire qu'un jour son auteur vînt la réparer. Leibnitz combattit cette opinion ; il était réservé à l'illustre Laplace de rassurer la science, en prouvant que toutes les perturbations se compensaient à la longue les unes par les autres et concouraient à produire l'harmonie.

A côté de la gravitation universelle tendant à la stabilité, il existe donc une perturbation universelle tendant à l'instabilité, mais contenue dans des limites restreintes ; chacune de ces deux grandes forces étant soumise à des lois propres.

On pourrait soutenir qu'au fond la force est une, et qu'il n'y a qu'un changement de signe. L'hypothèse de deux forces contraires n'en est pas moins admise dans la pratique scientifique comme facilitant les explications.

Le phénomène torrentiel offre une perturbation

naturelle d'un genre particulier. Si, en étudiant les lois de cette perturbation spéciale, nous arrivons à constater qu'elles sont les mêmes que celles qui règlent toutes les grandes perturbations générales connues, on aura un puissant argument de plus en faveur des doctrines qui convergent de plus en plus vers la conception de l'unité de plan et de l'unité de cause dans l'univers. C'est, je l'espère, ce qui résultera de cette étude.

L'ordre dans lequel le sujet doit être traité est facile à tracer et s'impose logiquement.

J'examinerai d'abord quelles sont les lois d'après lesquelles s'effectuent l'entraînement et le dépôt des matières par les courants. J'ai été précédé dans cette voie rationnelle par MM. Scipion Gras (1) et Philippe Breton (2), et j'aurai souvent à invoquer leur autorité.

En second lieu, j'étudierai les torrents proprement dits.

Il me sera facile dès lors, les lois torrentielles

(1) *Études sur les torrents des Alpes* (Victor Dalmont éditeur), quai des Augustins, 49.

(2) *Mémoire sur les barrages de retenue des graviers* (Dunod éditeur), quai des Augustins, 49.

étant établies, de proposer les moyens utiles de combattre les torrents.

Dans une quatrième partie, je dirai mon opinion sur l'action du phénomène torrentiel dans les grands cours d'eau, et je discuterai la question des grandes inondations.

Mais il ne suffit pas à l'homme de lutter contre les éléments et de les vaincre; il a sur eux, par la vraie science, un pouvoir plus grand : celui de les asservir et de les faire travailler à son usage, faisant par là d'une force destructive un puissant instrument de travail, un agent de production et de richesse. J'essaierai donc d'expliquer et de prouver que, par une saine application des lois torrentielles, on peut arriver à fertiliser ces immenses surfaces arides, telles que la Crau d'Arles par exemple, en faisant déposer économiquement les terres et les limons que les eaux charrient, sans avoir recours à l'appareil dispendieux des procédés de colmatage ordinaires, et cela tout simplement en imitant les procédés naturels qui ont créé tant de vastes deltas, tant de fertiles vallées, depuis le vieux Nil et le Gange jusqu'au Missisipi.

Je terminerai, comme je l'ai dit, par quelques réflexions géologiques et cosmogoniques.

Ce cadre est bien vaste ; il peut paraître ambitieux. Je n'ai pas la prétention d'être à la hauteur d'une si grande tâche ; mais il est admis, dans le domaine encore si obscur des sciences naturelles, que toutes les idées, voire même toutes les hypothèses, peuvent et doivent se produire, à la seule condition d'être rationnelles et d'être entourées de quelques probabilités. C'est ainsi que la science a progressé, marchant vers la lumière, souvent à travers l'erreur, soutenue par la foi ardente des hommes qui recherchent la vérité sous toutes ses formes, et qui l'aiment pour elle-même avec passion.

PREMIERE PARTIE

LOIS DE L'ENTRAINEMENT ET DU DÉPOT DES MATIÈRES

NOTIONS PRÉLIMINAIRES

§ 1. Période de la stabilité du lit.

Je prends pour point de départ de cette analyse un cours d'eau à régime instable, mais dans un de ses moments de tranquillité, entre deux crues, alors que le débit est constant, que l'eau est claire, et que tous les matériaux sont arrêtés.

Si le lit est tapissé de pierres de diverses grosseurs, incomplétement recouvertes par l'eau et émergeant plus ou moins, suivant leurs dimensions, la nappe d'eau qui coule entre ces obstacles est brisée de mille manières. Autour de chaque pierre se produisent des remous, des tourbillons, des déviations, qui se heurtent réciproquement et produisent une confusion extrême. Néanmoins, quand le débit ne varie pas, il résulte de tous ces mouvements, en apparence désordonnés, un ensemble régulier et permanent, accusé sur chaque point par la stabilité d'un mouvement. Quand l'eau est limpide, ces chocs continuels se traduisent autour de chaque pierre par une phosphorescence, et, si on prête l'oreille au bruit de l'eau, on ne perçoit qu'une note claire, élevée, d'une extrême stabilité, sans variation aucune.

Dans les parties du lit où l'eau, plus profonde, couvre toutes les pierres, les tranches supérieures subissent par influence les effets de la résistance que rencontrent les tranches inférieures en frappant contre les pierres, et cette influence se traduit à la surface par des ondulations qui marquent toutes les aspérités du fond. On peut donc conclure de là que, lorsque la surface de l'eau est parfaitement unie, c'est que le fond ne présente aucune aspérité. Cette action est en sens inverse de la profondeur de l'eau. Plus l'eau est profonde, moins l'état du fond a d'influence à la surface.

Une pierre, en interceptant le passage de la veine fluide, reçoit une impulsion. Cette impulsion n'est pas seulement due à l'action immédiate du faisceau de filets qui frappent la pierre, mais aussi à toutes les pressions qui lui sont transmises par les autres filets de la masse d'eau. Néanmoins, quand l'eau conserve sa fluidité intégrale, ces pressions indirectes n'ont qu'une action assez faible.

L'effort résistant de la pierre croît comme le carré de la vitesse. Si la vitesse augmente, il arrivera un moment où, la résistance de la pierre étant épuisée, celle-ci se mettra en marche. Cette vitesse minima, nécessaire pour vaincre la résistance de la pierre, a été appelée par M. Scipion Gras *vitesse limite d'entraînement*.

Cette vitesse limite varie suivant le poids, le volume et la forme de la pierre.

Toutes choses égales d'ailleurs, cette vitesse limite est moindre pour une pierre d'un poids plus petit.

Si, de deux pierres égales en poids et volume, l'une offre à la force d'impulsion une surface plus grande ou plus directement opposée à la direction de la force, elle résistera avec plus d'énergie, par suite elle cédera à une vitesse limite inférieure.

Plus une pierre a une forme arrondie, plus elle

cédera facilement, par la raison, dit M. Philippe Breton, que son centre de gravité n'a pas besoin de beaucoup s'élever et s'abaisser pour se déplacer, tandis que, pour une pierre aplatie, il faut que le centre de gravité se déplace considérablement.

La manière dont une pierre adhère au sol influe sur sa quantité de résistance. Si la pierre, au lieu d'être simplement posée sans adhérer au sol, est enfoncée ou si elle est calée en aval par d'autres pierres, sa vitesse limite d'entraînement sera plus grande.

Il résulte de là que, toutes les pierres du lit se prêtant un mutuel secours en servant de cales les unes aux autres, toutes les résistances élémentaires se traduisent par une composante générale résistante de l'ensemble du lit à l'action de la force motrice totale.

De là une tendance de chaque pierre à prendre la position non qui correspond à sa vitesse limite d'entraînement propre, mais celle qui conviendra le mieux à la résistance générale du lit.

On a remarqué que chaque galet a une tendance à prendre la position suivante, il suffit d'examiner un dépôt quelconque pour s'en assurer : la plus grande dimension, ou la longueur, est placée dans une direction perpendiculaire à celle du courant; s'il est calé en aval par un autre galet, sa deuxième dimension, ou sa largeur, s'appuie sur cette cale, ce qui donne au galet une position renversée vers l'aval. La direction de la troisième dimension, ou épaisseur, se trouve par là relevée vers l'amont.

Cette position est celle qui conviendrait au plus facile entraînement de la pierre, si elle était indépendante, puisqu'elle offre au courant ses plus grandes dimensions et dans une direction le plus directement opposée à celle du courant; mais si cette position est la plus défectueuse à ce point de vue, elle est la plus avantageuse pour la résistance générale de tous les galets et pour la stabilité du lit. Cette stabilité dépend plus de la manière dont les pierres se prêtent un mutuel secours, en servant de cales les unes aux autres, que de la résistance propre de chaque galet. Or, comme cale, la position transversale est celle qui offre le plus de solidité. Chaque pierre représentant non-seulement sa propre résistance, mais la composante de toutes les résistances sur lesquelles elle s'appuie, plus elle présentera de surface à la force motrice, plus elle lui sera directement opposée, et plus son effort résistant sera efficace.

Toutes les pierres du lit sont donc disposées de façon à rendre le lit aussi inattaquable que possible. Ce travail est si perfectionné qu'il serait difficile d'atteindre la même solidité par des procédés artificiels. On ferait un pavage ayant plus de régularité, mais on ne parviendrait jamais au même brisement de la force résultant de tous les frottements, de tous les ralentissements de vitesse, de toutes les réactions de l'eau qui se produisent dans ce désordre apparent, obtenu naturellement.

§ 2. Période de l'entraînement des matières.

Lorsque la vitesse continue à croître, à moins que le lit ne présente une résistance insurmontable, il arrive un moment où la résistance est vaincue. Quelques pierres, les plus petites d'abord, d'après l'ordre naturel des choses, se détachent et sont entraînées; d'autres les suivent. La masse des matériaux entraînés augmentera d'autant plus rapidement qu'une fois l'arrangement par lequel les pierres se prêtaient un mutuel secours étant détruit, chaque pierre se trouvera subitement poussée par une force d'impulsion pourvue d'une vitesse supérieure à la vitesse limite d'entraînement.

Dès que la résistance d'une pierre est vaincue et qu'elle se met en mouvement, sa vitesse est d'abord accélérée; mais, sa résistance à l'entraînement croissant comme le carré de la vitesse, il arrivera un moment où l'équilibre sera établi. La vitesse de la pierre deviendra alors sensiblement uniforme.

Cette vitesse sera évidemment d'autant plus grande que la pierre est plus petite. Toutes les pierres sont donc entraînées avec des vitesses inégales. Le grain de sable fuira avec une grande vitesse; le gravier le suivra de près, mais plus lentement; le galet plus lentement encore, et ainsi de suite jusqu'aux plus grosses pierres, qui rouleront péniblement.

Le résultat de cette action est une séparation des matériaux d'après leur grosseur.

Rien ne s'oppose à ce triage tant que la masse des matériaux entraînés est assez faible pour qu'ils ne se gênent pas dans leurs mouvements. Mais si la quantité des matériaux augmente dans des proportions telles qu'ils en viennent à se toucher et à se heurter, les pierres plus petites, animées d'une plus grande vitesse, poussent les plus grosses et leur communiquent une partie de leur vitesse. La vitesse des unes est accélérée, celle des autres est ralentie, de là une tendance à l'établissement d'une vitesse moyenne générale pour toutes les pierres.

Dans certains cas, lorsque l'abondance des matières entraînées est extrême, toutes les pierres finissent par atteindre une vitesse commune, sans différence sensible. On a donné à ce mode d'entraînement des matières le nom de transport en masse, par opposition au mode de transport par triage.

Entre les types extrêmes de ces deux modes de transport, se trouvent naturellement tous les degrés intermédiaires. Si on part d'un triage complet, l'action du triage peut aller en s'affaiblissant de plus en plus, jusqu'au moment où commence le transport en masse, lequel peut aller en croissant jusqu'à l'état qu'on appelle le *courant de matière*, c'est-à-dire un état où le volume total des matières est supérieur à celui de l'eau. Ce n'est plus un courant d'eau ; celle-ci ne joue plus qu'un rôle subordonné en perdant sa fluidité et sa quantité de mouvement. Il y a changement d'état complet.

Il faut un concours de circonstances particulières pour que le changement d'état atteigne ce degré extrême.

En règle générale, le courant de matière s'établira d'autant plus facilement que les matériaux entraînés différeront moins entre eux en volume et qu'ils seront plus petits. Cela est évident, puisque la vitesse commune s'établira plus facilement, et que les points de contact seront plus nombreux.

Il est difficile que la vitesse commune s'établisse entre un gros galet et un grain de sable, mais elle s'établira facilement si la masse des matières ne se compose que de grains de sable d'égale grosseur.

Les courants de sable de la mer en offrent un exemple remarquable. Il suffit de courants animés d'une vitesse relativement faible pour se charger d'une masse de sable telle que le changement d'état est complet en un véritable courant de matière.

Lorsque la quantité de matières soumises à l'entraînement d'un courant est indéfinie, voici ce qui se passe :

Le courant se charge jusqu'à complète saturation, c'est-à-dire qu'il transporte tout ce qu'il a la force d'entraîner. La puissance de transport varie nécessairement avec la vitesse du courant. Plus la vitesse est grande, plus le courant est susceptible de porter une charge plus forte.

Quand la vitesse diminue, le courant dépose une partie de sa charge, mais il conserve toute celle qui correspond à la vitesse qu'il a conservée.

Quand la vitesse augmente, il reprend sur les dépôts une masse de matières suffisante pour compléter sa charge et se maintenir à l'état de saturation.

Mais lorsqu'il se débarrasse d'une partie de sa charge ou qu'il la reprend, il fait une élection et a une tendance à se débarrasser des matériaux les plus lourds, et à ne compléter toujours sa charge qu'avec les matériaux les plus petits. Cela se comprend, le courant de matière s'établissant par là plus facilement, le courant peut porter une charge plus forte, et la saturation peut atteindre un degré plus élevé.

On peut expliquer aussi ce fait d'une autre manière : la vitesse conservée par un cours d'eau saturé de graviers est à peu près égale à la vitesse limite d'entraînement des pierres qui offrent le plus de résistance. Si la puissance d'entraînement vient à diminuer, la vitesse s'abaissera au-dessous de la vitesse limite correspondant aux plus gros cailloux; ceux-ci devront donc s'arrêter.

Le transport des matières est déterminé par la même cause qui produit la tendance du courant à attaquer les aspérités de son lit, et qu'on appelle puissance d'affouillement ou d'érosion. C'est toujours le rapport entre la puissance et la résistance qui est exprimé par cette formule, que le travail résistant croît comme le carré de la vitesse.

Le charroi d'une certaine masse de matières par un courant est un véritable travail mécanique. L'effet utile est d'autant plus grand que la vitesse, conservée par le moteur après l'action, ou la vitesse non utilisée, est moindre.

La tendance à l'érosion d'un courant n'est jamais nulle, puisqu'un cours d'eau est toujours animé d'une certaine vitesse.

La puissance d'affouillement et celle d'entraînement proviennent donc d'une même cause, mais leurs effets sont en rapport inverse l'un de l'autre.

Plus l'entraînement est considérable, plus la vitesse diminue, et plus, par conséquent, la tendance à l'affouillement est faible. Réciproquement, plus l'entraînement est faible, et plus la puissance d'érosion est grande.

Dès lors, lorsque la charge est complète et qu'il y a saturation, si un affouillement se produit sur un point, il doit déterminer immédiatement un dépôt, puisque les matières enlevées par l'érosion, en se mêlant à celles qui sont déjà entraînées, occasionnent une diminution générale de la vitesse du courant, qui oblige celui-ci à abandonner les cailloux qui résistent le plus à l'entraînement. Il s'opère donc tout simplement une substitution d'une quantité de matières à une autre quantité égale.

On voit que ce travail de charroi est entièrement subordonné aux variations de la vitesse. Il est donc indispensable de se rendre bien compte des effets de ces variations.

§ 3. Des variations de la vitesse.

Le temps est un des éléments de la mesure du travail. Si une force accomplit le même travail en moitié moins de temps qu'une autre, elle sera le double de celle-ci.

Il ne suffit donc pas de dire que la vitesse croît ou diminue, il faut tenir compte aussi de la manière dont s'opère cette variation. La vitesse peut croître ou diminuer plus ou moins rapidement, et les effets produits varient considérablement.

La vitesse ne peut varier d'une grandeur à une autre qu'en passant par une variation élémentaire qu'on appelle la différentielle, dans le langage algébrique, et, vulgairement, accélération ou ralentissement.

La vitesse varie comme le carré de l'accélération : si celle-ci suit une progression arithmétique, la vitesse suivra une progression géométrique.

Le travail, qui varie comme le carré de la vitesse, variera à son tour comme la quatrième puissance de l'accélération.

L'effet utile d'une force ne dépend pas toujours de sa puissance d'action, mais aussi de la manière dont elle est employée. Par exemple, lorsqu'un courant d'eau attaque les aspérités de son lit, si une pierre est engagée et serrée entre deux autres, plusieurs petits coups répétés rapidement et donnés d'une certaine façon la dégageront plus facilement qu'un seul grand coup, quelque fort qu'il soit. Il suit de là que, de deux courants, l'un ayant une vitesse plus grande mais uniforme, et l'autre une vitesse plus faible mais rapidement accélérée, ce dernier aura une puissance d'affouillement plus considérable que le premier. Cet exemple fait bien saisir toute l'importance qui s'attache moins encore à la vitesse elle-même qu'à ses variations.

L'accélération de la vitesse peut passer par des phases diverses :

1° Elle peut être croissante et suivre une progression soumise à une loi de variation plus ou moins rapide. La vitesse, qui croît comme le carré de l'accélération, peut atteindre des effets d'une instantanéité extrême, lorsque la progression ascendante est très-rapide.

La puissance d'affouillement et d'entraînement, qui croît comme la quatrième puissance de l'accélération, suit alors une progression ascendante telle qu'à moins d'offrir une résistance insurmontable comme celle qui provient de blocs énormes, le lit devra être affouillé profondément et l'entraînement des matières s'opérer avec un triage des plus énergiques.

2° L'accélération peut être constante ; dans ce cas, la vitesse suivra une proportion géométrique en rapport avec l'accélération. La force croîtra encore rapidement et produira des effets puissants, mais bien moindres que dans le premier cas.

3° Enfin, l'accélération peut être décroissante. La vitesse ne cesse pas de croître, mais elle croît de moins en moins rapidement, et si la progression suit une loi rapide de décroissance, les effets engendrés par l'accélération s'affaibliront et s'anéantiront brusquement.

Il est cependant essentiel de retenir que, même lorsque l'accélération diminue le plus rapidement, la vitesse ne cesse pas de croître.

Ce n'est que lorsque l'accélération est représentée par zéro que la vitesse devient constante.

Lorsque l'accélération descend au-dessous de zéro et devient négative, alors seulement la vitesse diminue. Appelons ralentissement l'accélération négative, c'est-à-dire la décroissance élémentaire de la vitesse.

Le ralentissement, étant soumis lui-même aux mêmes phases de variation que l'accélération, produira des effets analogues, mais diamétralement opposés.

1° Quand le ralentissement suivra une progression rapidement ascendante, la puissance d'affouillement et d'entraînement décroîtra comme la quatrième puissance du ralentissement, et dès lors, non-seulement tout affouillement cessera, mais une proportion énorme des matières entraînées devra s'arrêter brusquement et presque instantanément, si le ralentissement est considérable et est lui-même instantané.

2° Quand le ralentissement est constant ou qu'il

décroît, suivant une loi plus ou moins rapide, il est facile de se rendre compte des variations que suivra la puissance d'affouillement et d'entraînement. L'arrêt des matières entraînées sera en rapport avec l'énergie plus ou moins grande du ralentissement.

Les variations de la vitesse n'agissent pas seulement sur la puissance dynamique du courant, elles ont encore sur lui une action physique de la plus haute importance, qu'il est indispensable d'étudier et qui joue un rôle capital dans le phénomène torrentiel tout entier, en influant sur l'action de la pesanteur ou l'attraction.

La vitesse d'un courant n'est due qu'à l'action de la pesanteur sur l'eau.

Toutes choses égales, la pesanteur s'exerce d'autant plus librement que la pente offerte à l'écoulement est plus forte. L'action effective de la pesanteur varie donc suivant le degré de pente. On sait que cette action a pour mesure le cosinus de l'angle que la pente fait avec la verticale. Plus cet angle est ouvert, plus la pente est faible ; moins l'action de la pesanteur est grande, plus la vitesse est faible. Toutefois, lorsque la vitesse du courant est uniforme, l'action de la pesanteur ne subit aucune variation : elle reste telle qu'elle est déterminée par la pente. Il n'en est plus ainsi lorsque la vitesse, par une cause quelconque, est soumise à des variations d'accélération ou de ralentissement. L'action de la pesanteur suit les mêmes variations, et ces inégalités de la pesanteur engendrent des phénomènes dont il faut se rendre compte, sous peine de ne rien comprendre absolument à l'action torrentielle.

Lorsqu'un ralentissement se produit sur une pente donnée, le courant coule comme il coulerait sur une pente moins forte si la cause du ralentissement n'existait pas, ou, ce qui revient au même, comme si, la pente restant la même, l'action de la pesanteur diminuait. D'où il résulte que l'action d'un ralentissement sur un courant équivaut à une diminution de l'action de pesanteur.

Examinons de quelle manière s'exercera cette action, et comme toujours, reportons-nous à l'action élémentaire.

La diminution de pesanteur se traduit sur chaque molécule d'eau par une réaction de bas en haut, ou ce qu'on appelle une action soulevante. Si on considère dans la masse d'eau un filet vertical élémentaire, chacune des molécules de ce filet éprouvant une impulsion de bas en haut, toutes ces impulsions s'ajouteront et se traduiront à la surface par une action intégrale d'autant plus grande que le filet sera plus long, c'est-à-dire que l'action soulevante sera proportionnelle à la profondeur de l'eau.

Cette action soulevante, étant due uniquement à la diminution de vitesse, suivra exactement la loi du ralentissement. Si celui-ci suit une progression rapidement ascendante, l'action soulevante croîtra de la même manière, la surface se bombera rapidement, et si le ralentissement est brusque ou produit par un choc, l'action soulevante sera d'autant plus forte que la vitesse initiale était plus grande. C'est tout simplement, comme on le voit, la théorie du mascaret.

Si le ralentissement suit une progression lente, la courbure de la surface ne sera que faiblement accentuée. Cette courbure sera continue, comme l'action qui l'engendre, et elle suivra la même loi de variation et dans le même sens que le ralentissement.

Le rayon de courbure suivra une loi inverse à celle de l'action soulevante. Plus celle-ci est puissante, plus le rayon de courbure sera faible, et réciproquement.

D'où il suit que si le ralentissement suit une progression croissante de l'amont vers l'aval, le rayon de courbure ira en diminuant vers l'aval et en croissant vers l'amont, l'aplatissement de la courbe ira en croissant vers l'amont. Si, au contraire, le ralentissement suit une progression décroissante de l'amont vers l'aval, le rayon de courbure ira en augmentant vers l'aval et avec lui l'aplatissement de la courbe.

L'accélération produira, par rapport à l'action de la pesanteur, des effets diamétralement opposés, c'est-à-dire que, sur une pente donnée, la vitesse croissant par une cause quelconque, c'est absolument comme si l'action de la pesanteur allait croissant et que la cause de l'accélération n'existât pas. D'où résulte, au lieu de l'action soulevante que produit le ralentissement, une augmentation de la pression de haut en bas. Par les mêmes raisons, la pression élémentaire sera proportionnelle à la longueur du filet vertical élémentaire, et par conséquent à la profondeur de l'eau. La surface de l'eau aura dès lors une tendance à créer une courbe concave, bien moins prononcée cependant que la convexité que produit le ralentissement, en raison de l'inégalité de résistance dans un cas et dans l'autre.

Tout ceci, on le voit, est absolument indépendant du degré de vitesse, et dépend uniquement des variations de la vitesse. Toutes les ondulations de la surface de l'eau, soit dans les cours d'eau, soit dans les mers, sont donc ramenées à des variations dans l'action de la pesanteur, quelle qu'en soit la cause.

Les variations de la pesanteur étant toujours mesurées par un cosinus, et cette transcendante trigonométrique, qui est comme le régulateur de tous les mouvements de l'univers, oscillant sans cesse dans des limites très-étroites autour de l'unité, il en résulte des actions et réactions incessantes toujours égales entre elles. Lorsque l'amplitude des oscillations est, comme dans l'Océan et suivant l'expression consacrée, rhythmique, les vagues sont d'une régularité parfaite en étendue et en durée ; sur les mers intérieures, elles sont plus courtes et plus saccadées, mais néanmoins toujours égales en durée, quelle que soit l'intensité de la variation de pesanteur, la réaction étant toujours égale à l'action. Dans les cours d'eau en général, cette perturbation est en rapport avec toutes les causes générales ou accidentelles qui produisent des variations dans la vitesse. On voit tout de suite quelle influence doivent avoir sous ce rapport les brusques variations du débit. Mais c'est dans les torrents surtout que cette action est énorme. Nous l'analyserons plus tard, mais il était nécessaire de poser tout d'abord ces notions préliminaires.

Les corps plongés dans l'eau et entraînés par le courant subissent par influence les mêmes variations dans l'action de la pesanteur; ils reçoivent tous une impulsion soulevante de bas en haut, proportionnelle à leur masse et à la surface qu'ils offrent par en bas à l'action soulevante. Une pierre plate sera plus facilement soulevée qu'une pierre arrondie.

§ 4. Lois du dépôt des matières.

Nous verrons plus loin les conséquences importantes que nous tirerons de tous ces principes élémentaires. Je me borne pour le moment à les poser, un peu trop succinctement peut-être; mais il me semble que tout cela est si évident, que de plus longues explications seraient superflues.

De même qu'il y a deux modes de transport des matières, le transport par triage et le transport en masse, il y a deux modes de dépôt distincts, du moins dans leurs types extrêmes, car lorsque les deux actions sont plus ou moins confondues, leurs effets subissent les mêmes influences.

Lorsque le triage a lieu, les matières sont entraînées avec des vitesses inégales; il n'existe entre elles aucune solidarité. Chaque pierre résiste isolément au courant, et son arrêt a lieu lorsque sa propre résistance à l'entraînement atteint la limite.

Toutes les matières entraînées se classent d'après leur poids et leur volume. Toutes les pierres d'une même résistance, et ayant par conséquent une même vitesse limite d'entraînement, tendront donc à former une pente correspondante à cette vitesse limite. Le dépôt de toutes les matières tendra, à son tour, à former une série de pentes, celles-ci allant en croissant vers l'amont.

Ces pentes iront en croissant de plus en plus rapidement vers l'amont, par la raison que, si les dimensions des pierres suivent une loi arithmétique, leur résistance suit une loi géométrique qui est celle du carré de la vitesse. Dès lors, les pentes croîtront de plus en plus rapidement.

Si l'on suppose que les matières passent d'une manière continue par tous les degrés de grandeur, le profil en long du dépôt prendra une courbure dont la concavité sera tournée vers le ciel, en se relevant de plus en plus vers l'amont.

La longueur de chaque pente sera proportionnelle à l'abondance des matériaux qui correspondent à cette pente. Lorsque la quantité de matières d'une même classe tend à s'augmenter, la pente correspondante tend à s'allonger. Si les quantités de matières de toutes les classes tendent à augmenter ensemble, il en résultera une tendance à l'allongement de toutes les pentes, et par conséquent de toute la longueur du lit.

Dans ces conditions, un cours d'eau aura une tendance à allonger son parcours. Comme sa source est fixe, il tendra à porter son embouchure aussi loin que possible ; et si cela ne suffit pas, il tendra à multiplier et à allonger les sinuosités du parcours. C'est là la cause principale des contours sur les cours d'eau.

Lorsqu'un cours d'eau débite en aval par son embouchure une quantité de matériaux égale à celle qu'il reçoit d'amont, la stabilité du lit est atteinte. Mais si l'apport est supérieur au débit, si les rives sont fixes et ne permettent pas un déplacement du lit dans le sens horizontal, il y aura nécessairement un exhaussement du lit par suite d'un encombrement des matières. La courbe normale d'écoulement de l'eau est faussée.

Cette perturbation n'est pas seulement en rapport avec la quantité totale des matières, mais aussi avec leur volume relatif et la proportion de chaque classe de matériaux. Les plus gros matériaux ne peuvent jamais franchir certaines limites, quelles que soient les variations de la vitesse ; la perturbation qui résulte de leur excès se fera sentir seulement dans une région restreinte.

Le résultat final de cet exhaussement général, c'est une tendance à rétablir sur toute la longueur, mais à un niveau supérieur, le profil normal du lit.

Lorsque le courant a la même largeur sur tous les points de sa longueur, les variations de la vitesse ne sont dues qu'aux variations des pentes; mais, dans la réalité, un cours d'eau, dont les rives sont partout également espacées, est un cas rare. Le plus souvent, tantôt le courant est resserré dans un goulot étroit, tantôt la section du lit s'élargit considérablement. On remarque même, sur la plupart des cours d'eau, une alternance constante entre les étranglements du lit et son épanouissement. Ordinairement une grande largeur du lit est comprise entre deux étranglements.

Or, c'est un fait d'expérience que les variations de la section exercent sur la vitesse une influence plus considérable que les variations de la pente.

Il est donc essentiel de se rendre compte de ce qui se passe, quant au dépôt des matières, par suite de ces variations.

L'élargissement de la section est une cause de ralentissement de la vitesse; le resserrement une cause d'accélération. Si l'élargissement suit une loi très-rapide, le ralentissement suivra lui-même la même loi. Il en est de même de l'accélération par rapport au rétrécissement.

Quelles que soient ces lois, l'action est toujours continue, c'est-à-dire que la vitesse, au sortir d'un goulot, passe d'abord à l'état de ralentissement. Ce ralentissement suit la loi déterminée par l'écartement des rives; après avoir atteint son maximum, il décroît, et au point où se fait sentir d'une manière suffisante l'appel de la vitesse accélérée du goulot inférieur, le ralentissement change de signe et devient de l'accélération. Mais toutes ces variations, dans la vitesse et le *passage* du ralentissement à l'accélération, s'opèrent d'une manière continue.

Ce *point de passage* a une importance capitale. En effet, c'est de la vitesse conservée à ce point par le courant que dépend la quantité de matières déposées. Toutes les matières dont la vitesse limite d'entraînement est inférieure à cette vitesse passeront; toutes celles dont la vitesse limite est supérieure s'arrêteront en amont de ce point.

Si un grand écart existe entre la vitesse à la sortie du goulot supérieur et la vitesse conservée au point de passage, une grande quantité de matières se déposera. Et plus l'espace sera court, c'est-à-dire plus le point de passage sera rapproché de la sortie du goulot, plus l'encombrement des matières sera grand.

Il existe un autre point, en amont du point de passage du ralentissement à l'accélération, qui mérite de fixer l'attention : c'est le point où le ralentissement cesse de croître pour décroître, et que j'appellerai le *point maximum*, pour l'intelligence de l'explication. A partir de ce point, le ralentissement suit une loi de décroissance à la fois vers l'aval et vers l'amont.

Examinons maintenant de quelle manière le dépôt se formera.

Aucun dépôt ne peut se former en aval du point de passage, puisque les matières, qui sont parvenues à ce point par une vitesse ralentie, seront entraînées à partir de là par une vitesse accélérée. Elles iront donc se déposer plus loin. Il y a donc là un point fixe qui ne peut s'élever. L'exhaussement se produit en amont du point. Cet exhaussement sera d'abord faible, il ira en croissant vers le point maximum ; puis, à partir de ce point, il ira en décroissant. Et comme l'action est continue, il se produira une courbure, dont le rayon de courbure sera le plus faible au point maximum, c'est-à-dire qu'à partir de ce point, la courbe ira en s'aplatissant à la fois vers l'amont et vers l'aval. Car il est évident que l'exhaussement devra être d'autant plus grand que le ralentissement est le plus fort. La courbure du lit suivra donc une loi analogue à celle que l'action soulevante exerce sur la surface de l'eau.

Lorsque l'action est énergique, une protubérance se forme.

Au point de passage, la courbe change de sens: de concave en aval, elle devient convexe en amont; à partir de ce point, sans discontinuité, la courbure va en augmentant jusqu'au point maximum et en diminuant à partir de ce point.

Telle est la loi géométrique de la courbe de tous les dépôts dus à l'action du ralentissement.

Tant que la quantité de matières arrivant par amont est supérieure à celle qui est débitée par l'aval, le dépôt augmente et l'exhaussement continue. Cet exhaussement a pour effet de roidir les pentes d'amont, et par conséquent de faciliter l'entraînement des matières. L'écart entre l'apport et le débit des matières va sans cesse en diminuant, et quand la compensation s'établit, c'est-à-dire qu'il part par l'aval autant de matières qu'il en arrive d'amont, l'exhaussement s'arrête, le profil devient stable.

Pendant toute la durée de l'exhaussement, le point de passage et le point maximum ne restent pas fixes ; ils ont une tendance l'un et l'autre à remonter vers l'amont. En effet, à mesure que les pentes se roidissent, le ralentissement diminue; par suite, le point maximum du ralentissement et le point de passage du ralentissement à l'accélération sont plus vite atteints. La courbe conserve toujours son type invariable; seulement la concavité d'aval se propage vers l'amont, et fait remonter en même temps la convexité. Une baguette flexible, ployée de manière à former une double sinuosité, et dont on rapprocherait ou on éloignerait les deux extrémités, donne assez bien l'idée de cette courbe et de sa flexibilité à se prêter à tous les mouvements qui l'engendrent.

Si l'apport des matériaux devient inférieur au

débit, l'accélération se propage de plus en plus vers l'amont, le courant reprend de plus en plus sa puissance d'affouillement et d'entraînement; il cesse de déposer, commence à affouiller son dépôt et finit par s'y encaisser.

Cette loi du dépôt est générale, mais on voit que ses effets sont entièrement subordonnés aux lois de l'apport des matières.

Lorsque les matières sont relativement peu abondantes, qu'elles arrivent d'un mode uniforme, le dépôt mettra très-longtemps à se former, et ses variations seront peu sensibles. Au contraire, lorsque les matières sont transportées en masse et par grandes quantités, le dépôt se forme rapidement et atteint souvent presque instantanément son profil limite, toujours d'après la même loi géométrique.

Dans la réalité, l'apport des matières ne se fait pas d'une manière continue ni uniforme. Suivant les crues et les phases d'une crue, un courant tantôt est plus ou moins saturé, tantôt il ne charrie rien. A un état d'exhaussement succède un état d'affouillement pendant lequel le dépôt est remanié et trié; les matériaux les plus petits sont donc successivement remplacés par de plus gros. La résistance du dépôt à l'affouillement augmente, les pentes tendent à se roidir de plus en plus, le profil devient de plus en plus stable.

Lorsque la puissance d'affouillement et d'entraînement domine, le courant a une tendance à allonger son parcours, afin d'adoucir les pentes et de classer les matériaux. C'est le contraire lorsque la puissance colmatante domine. Le courant a alors une tendance à roidir ses pentes afin de faire franchir aux matériaux, le plus vite et avec le moins de résistance possible, l'espace qui sépare le point où commence le ralentissement de celui où il finit. Le profil culminant devra donc tendre à suivre une direction rectiligne entre ces deux points.

Ce profil est celui qui convient le moins à la stabilité du courant, mais c'est celui qui convient le mieux au transport des matières, soit parce que les pentes sont plus fortes, soit parce que les frottements sont moindres que dans une concavité.

§ 5. Lois de la viscosité et de la densité.

Dans tout ce qui a été dit, on ne s'est pas occupé de l'état du liquide; on lui a supposé la fluidité et la densité naturelle de l'état ordinaire de l'eau. Mais il est aisé de comprendre que des variations dans la constitution physique du liquide, à ce double point de vue, doivent exercer une influence considérable sur ses mouvements.

Il est essentiel cependant de distinguer les effets dus à la densité de ceux qui dépendent de la fluidité.

La densité, c'est le poids de l'eau sous un volume donné.

La fluidité d'un corps tient à l'indépendance de ses molécules élémentaires les unes par rapport aux autres, à l'état de leur attraction mutuelle. Plus l'adhérence est faible, plus le frottement d'une molécule avec celles qui la touchent est faible, plus la mobilité de chacune de ces molécules est grande: par conséquent, plus la fluidité sera considérable. La quantité de mouvement d'une masse liquide n'est que l'intégrale de la quantité de mouvement de toutes ses molécules élémentaires. C'est ce qui explique pourquoi plus l'eau est concentrée, plus elle forme masse, plus sa quantité de mouvement est grande.

Lorsqu'une substance étrangère est délayée dans l'eau et que cette substance, par son extrême divisibilité, parvient à former une couche autour de chaque molécule, l'attraction et tous les frottements moléculaires augmentant, la fluidité diminue nécessairement. La viscosité, c'est cet état de diminution de la fluidité.

La fluidité et par contre la viscosité de l'eau sont donc soumises à des variations, suivant la nature et l'abondance des matières infusées.

La substance qui possède au plus haut degré la propriété d'augmenter la viscosité de l'eau, c'est l'argile qui est si abondamment répandue dans la nature.

L'attraction qu'elle exerce sur l'eau est telle que la saturation n'a pas de limite. Si on ajoute incessamment de l'argile à une masse d'eau en l'entretenant dans un état d'agitation, la fluidité va sans cesse en décroissant ; on obtient un composé semiliquide auquel on donne le nom de lave ; et enfin, en ajoutant toujours de l'argile, on arrive à l'état pâteux, c'est-à-dire que toute fluidité finit par disparaître.

La diminution de fluidité diminue nécessairement la quantité de mouvement et par suite la vitesse.

Un courant dans cet état, considéré comme moteur, agira donc moins par la vitesse, mais il agira davantage par sa masse, par suite de la solidarité plus grande des molécules entre elles. Le faisceau de filets liquides qui frappe l'obstacle subira plus difficilement des déviations tendant à le contourner.

L'effet dynamique général de la viscosité est donc d'affaiblir l'influence de la vitesse en augmentant celle de la masse. La force entière, agissant à la fois par la vitesse et d'autant plus par la masse que la viscosité est plus grande, aura une puissance d'affouillement affaiblie, mais une puissance d'entraînement qui pourra devenir énorme avec l'action de la masse; la résistance croissant comme le carré de la vitesse et ne croissant simplement que comme la masse.

C'est par là que s'explique la force d'un courant boueux qui déplace les blocs les plus volumineux, tandis qu'un courant d'eau, quelle que soit sa vitesse, serait impuissant à les ébranler.

Dans le charroi des matières, qui est un véritable travail mécanique, l'eau joue un double rôle : celui de moteur et celui de véhicule. Nous venons de voir comment la viscosité influe sur l'action motrice. La densité agit sur l'action véhiculaire.

Plus la densité du liquide augmente, plus les corps immergés, perdant de leur poids, deviennent légers et faciles à transporter. Cette action se traduit aussi, comme celle qui est due à l'état de ralentissement de la vitesse, par une réaction de bas en haut ou soulevante. Les limons les plus fins s'élèvent facilement jusqu'à la surface de l'eau ; toutes les matières, tenues en suspens, tendent à s'échelonner de bas en haut d'après leur poids. Lorsqu'un courant très-visqueux est saturé de matières, le mélange du tout forme une masse d'une extrême densité, et la puissance véhiculaire peut atteindre les proportions les plus considérables.

Nous avons vu que le transport en masse était possible dans un courant d'eau à l'état ordinaire, par suite de la surabondance des matières entraînées se gênant réciproquement dans leurs mouvements. En réalité, dans des torrents, sur des pentes rapides, avec des matériaux composés d'éléments présentant de grands écarts dans leur volume, depuis le grain de sable jusqu'aux gros blocs, il est difficile et presque impossible que ce transport en masse, qui exige une vitesse commune entre tous les corps entraînés, puisse s'établir. Mais la viscosité du liquide favorise cette action.

Dans ce milieu épais et visqueux, les matières se

meuvent avec moins de liberté, elles tendent toutes à prendre la vitesse du courant qui devient la vitesse commune. Dans un courant d'eau au contraire, la vitesse des matières est toujours inférieure à celle du courant, et elles se meuvent avec des vitesses très-inégales.

Voilà donc le véritable courant de matière formé sous la puissante influence de la viscosité. Il s'agit d'examiner l'action exercée sur cet état du courant par les variations de la vitesse et de la comparer à celle exercée sur un courant parfaitement fluide.

La fluidité peut être considérée comme l'effet d'une force directement opposée à celle de l'attraction. D'où cette conséquence que, lorsque par suite de la viscosité la fluidité diminue, l'action de l'attraction augmente. Lorsque celle-ci devient supérieure à la force opposée, que j'appellerai la répulsion pour mieux rendre ma pensée, la fluidité disparaît, l'attraction l'emporte, le corps devient solide; la fluidité n'étant en quelque sorte que la résultante de deux forces agissant en sens contraire l'une de l'autre.

Ces deux forces n'ont pas une action absolue, elles sont subordonnées aux variations de la vitesse, en ce sens que, pendant l'état d'accélération de la vitesse, l'accroissement élémentaire ajoute son action à celle de la répulsion moléculaire pour combattre l'attraction : d'où cette conséquence, que plus la loi d'accélération est rapide, plus grande sera la fluidité. Au contraire, pendant l'état de ralentissement de la vitesse, qui n'est qu'une accélération de signe contraire, la diminution élémentaire de vitesse ajoute son action à l'attraction et diminue par conséquent la fluidité. Si le ralentissement suit une loi de progression rapide, la puissance de l'attraction suivra la même loi d'accroissement. Dès lors, si on suppose un courant dont la viscosité est telle que la fluidité est devenue très-faible, si ce courant est soumis à une loi énergique de ralentissement croissant, l'attraction fera des progrès rapides et le courant ne tardera pas à s'arrêter solidifié.

Lorsqu'un courant fluide pénètre dans un goulot étroit, il y a accélération de la vitesse; mais pour un courant de matière parvenu à un certain degré de viscosité, le résultat peut être inverse, si la compression du courant, qui a pour résultat d'augmenter l'attraction moléculaire, fait prédominer celle-ci sur la fluidité. Le resserrement de la section, au lieu de procurer une accélération de la vitesse, engendrera un ralentissement et quelquefois même un arrêt dans des circonstances données.

Dans tout courant soumis à une action de ralentissement de la vitesse, il se produit, nous l'avons démontré plus haut, une action soulevante ; mais cette action ne peut être que très-faible dans un courant d'eau possédant la fluidité normale et sur lequel la pesanteur exerce sa toute-puissance. Dans un courant de matière, au contraire, plus la viscosité est grande, plus l'action soulevante combattra avec efficacité celle de la pesanteur. Elle pourra devenir extrême dans un courant de lave, où la fluidité est presque anéantie. C'est ce qui explique un fait qui paraît extraordinaire et qui étonne tous ceux qui ne connaissent pas les torrents. On voit souvent des blocs énormes entraînés par un pareil courant et surnager. Après la crue, quand on considère ces blocs colossaux et qu'on voit couler à côté un mince filet d'eau qui mouille à peine leur base, on se demande avec stupéfaction comment un si faible courant a pu déplacer et entraîner des poids pareils. Et pourtant, quand on se rend compte du phénomène, on constate que si le volume d'eau était plus considérable, l'effet n'aurait pas pu se produire. En effet, le courant aurait alors une plus grande fluidité, sa force consisterait plus dans sa vitesse que dans sa masse ; or la vitesse est impuissante contre de pareils obstacles. Il n'y a point de vitesse qui puisse les vaincre, tandis qu'ils cèdent à l'action de la masse d'un courant de lave. L'action soulevante est telle, pendant un énergique état de ralentissement exercé sur un liquide d'une viscosité et d'une densité extrêmes, que les plus gros blocs surnagent. La force motrice et la force véhiculaire sont l'une et l'autre portées à leur extrême limite et combinent leur action pour produire ces effets vraiment étonnants.

Si cette action peut être telle sur les blocs les plus volumineux, on peut se figurer facilement ce qu'elle doit être sur des pierres plus petites.

Cet état extrême d'un courant, qui est le véritable transport en masse, se produit rarement. Dans le chapitre spécial des torrents, nous verrons quelles sont les circonstances et les accidents qui le favorisent. Quand il se produit, il ne peut durer longtemps. Le courant ne tarde pas ou à s'arrêter en plein, ou à se débarrasser des corps les plus volumineux et à reprendre une fluidité suffisante pour couler.

On comprend que, depuis le courant d'eau claire et parfaitement fluide jusqu'au courant de lave, se classent tous les états intermédiaires par lesquels peut passer la fluidité.

L'état moyen, et qui se produit le plus communément dans tous les torrents boueux, est celui où le courant conserve une fluidité suffisante pour atteindre une grande vitesse sur des pentes rapides, et qui lui permet néanmoins de former facilement le courant des matières, lorsque celles-ci sont surabondantes.

Dans un courant de lave, les matières soulevées et immergées font corps avec la masse et perdent la liberté de mouvement propre; elles sont transportées en conservant la position stable qui convient à leur équilibre, mais elles ne roulent pas. Le frottement entre elles est presque nul, et elles conservent leurs angles et toutes leurs aspérités intactes.

Lorsque le courant, au contraire, conserve une fluidité suffisante, chaque corps, indépendamment de son mouvement de translation, prend un mouvement propre tendant à une rotation d'autant plus énergique que le ralentissement est plus prononcé, et, ce qui peut paraître étrange, que les corps sont plus volumineux. En effet, dans un courant de matière, où tous les corps immergés ont une vitesse sensiblement égale, si ce ralentissement se produit, la quantité de mouvement étant en rapport de la masse de chaque corps, les plus gros blocs tendront à devancer les plus petits avec un mouvement de rotation plus grand.

C'est par suite de la vitesse acquise, combinée avec la force soulevante, qu'on voit souvent des pierres volumineuses se détacher de la masse et être lancées soit en avant, soit de côté, comme des projectiles, et franchissant des obstacles tels que des ponts ou des digues.

Cette théorie me paraît expliquer beaucoup mieux les faits observés par M. Cunit et rapportés dans les termes suivants par M. Breton à la page 13 de son mémoire :

« M. Cunit m'a fait part d'une observation cu-
« rieuse et facile à vérifier, et qui ne peut s'expli-
« quer que par une grande inégalité de vitesse sui-
« vant les grosseurs : c'est que, sur chaque partie
« des plages d'un torrent, les gros cailloux sont
« les plus arrondis ; sur ceux de moyenne gros-
« seur, on commence à discerner les parties les
« moins courbes de leur surface, restes des faces
« quasi planes du fragment polyédrique qui s'est
« émoussé en galet. Sur les graviers, à mesure

« qu'on descend dans l'ordre de grandeur, les « arêtes et les angles de ces polyèdres sont de moins « en moins effacés, les faces sont de plus en plus « apparentes ; et enfin, si on regarde à la loupe le « sable des torrents, on le trouve nettement angu- « leux. Cela vient, selon M. Cunit, de ce qu'un gros « galet qu'on observe dans un torrent a subi un « travail d'usure de toutes les pierres moins grosses « que lui, qui ont passé sur lui et l'ont devancé, et « cela pendant un temps très-long, en raison de la « lenteur et de la rareté des déplacements des plus « gros blocs ; les plus petits fragments ne font que « passer, presque sans s'arrêter, sur tous ceux plus « gros qu'eux-mêmes, et leurs arêtes les plus ai- « guës sont à peine entamées. Les exemples de « cette observation sont aussi nombreux que les « torrents eux-mêmes; mais on trouve rarement de « très-gros blocs ; quand on en rencontre, on re- « marque leur forme singulière, presque parfaite- « ment lisse et sphérique. C'est ce qu'on voit dans « l'alluvion ancienne sur laquelle est établi le vil- « lage de Séchilienne : on y trouve des blocs gra- « nitiques de la grosseur de 60 à 80 centimètres, et « même de plus d'un mètre de diamètre, ronds « comme des boules ; les galets de 30 à 40 centimè- « tres de diamètre commencent à s'écarter de la « forme sphérique; ce sont à peu près des ellip- « soïdes à trois axes sensiblement inégaux ; ceux

« de 20 à 30 centimètres ont des méplats sensibles, « un gros bout et un petit bout ; ceux qui sont gros « comme le poing sont presque anguleux ; les me- « nus graviers gros comme des noisettes ont leurs « arêtes à peine émoussées, et le tout est mêlé sans « ordre avec du sable tout à fait anguleux. Les tor- « rents en partie éteints qui descendent de la chaîne « du Beldone et débouchent sur la rive gauche de « l'Isère, dans la vallée de Graisivaudan, offrent « des exemples de cette observation plus complets « que dans beaucoup d'autres torrents, à cause de « la présence de blocs très-gros et très-bien arrondis « en proportion de leur grosseur. Cela se voit sur- « tout facilement dans le torrent de Bréda, en amont « de Pontcharra. »

Il n'y a qu'un mouvement de rotation qui puisse expliquer cette forme d'autant plus sphérique des pierres qu'elles sont plus grosses. Dans ce mouvement rotatoire, et avec les chocs continuels des blocs les uns contre les autres, tous les angles s'émoussent et la forme sphérique s'explique, comme aussi la conservation parfaite des aspérités anguleuses des plus menus graviers qui sont entraînés nageant dans le liquide visqueux et à l'abri de tout frottement. Comme le fait observer M. Breton, le fait ne s'explique que *par une grande inégalité de vitesse, suivant les grosseurs;* mais il aurait dû ajouter :

par un mouvement de rotation d'autant plus grand que les corps sont plus gros. Car l'explication de M. Cunit, fondée sur le travail d'usure des pierres passant les unes sur les autres, ne peut donner raison de la sphéricité. C'est au contraire un plus grand aplatissement que devraient présenter les plus gros corps, puisqu'ils ont à supporter, quand ils sont arrêtés, tous les frottements des corps plus petits qui passent par dessus, souvent pendant un temps très-long.

Il est facile de se rendre compte de l'influence exercée sur la force colmatante dans ces cas divers. La théorie est d'une extrême simplicité. Tout est ramené à des variations de la vitesse équivalant à des variations de la pesanteur. Tout ce qui tend à exagérer ces variations tend par cela même à augmenter la perturbation dans le courant.

Lorsqu'un courant est pourvu de la fluidité ordinaire de l'eau, sur des pentes rapides, quelle que soit l'abondance momentanée des matières charriées, il est difficile que le dépôt se produise dans des proportions considérables. Les effets d'un ralentissement accidentel seront promptement effacés par la puissance d'affouillement qui ne tarde pas à se développer avec une grande énergie. Mais lorsque la viscosité intervient, l'action du ralentissement prend des proportions telles que le dépôt des matières se produit pour ainsi dire instantanément avec une grande puissance; le point du maximum du ralentissement et le point de passage du ralentissement à l'accélération se rapprochent l'un de l'autre, l'action soulevante est extrême, ce qui tend à accentuer d'autant plus la convexité du profil du dépôt.

Ce qui caractérise les dépôts produits par ce mode de transport et cet état du courant, c'est une confusion extrême des matériaux de toute grosseur. Les sables, les galets et les blocs, arrêtés subitement, restent dans l'état de pêle-mêle où ils se trouvent dans le courant. C'est faute de connaître ce mode particulier de transport par les torrents, et ne connaissant du transport par les eaux que le triage qui classe les matériaux d'après leur grosseur, que les géologues ont été portés à voir des moraines glacières là où il n'y avait que des dépôts torrentiels.

L'état de confusion des matériaux n'est pas toujours extrême, il dépend de l'état du courant. Lorsque le courant de matière n'atteint pas ses dernières limites et passe par tous les degrés intermédiaires, les matériaux immergés ont une tendance à s'échelonner de bas en haut d'après l'ordre de leur grosseur : les blocs occupent la partie inférieure et roulent sur le lit, les sables les plus fins s'élèvent jusqu'à la surface de l'eau. Lorsqu'un dépôt se forme dans ces conditions, il affecte une disposition analogue à celle que les matériaux avaient dans le courant, mais cependant sans que la stratification soit régulière. On remarque souvent que les gros matériaux sont plus abondants à la partie inférieure du dépôt, et les plus petits plus abondants dans les couches supérieures. Quand le liquide est à l'état de lave, le dépôt tout entier est recouvert d'une couche argileuse qui dessine avec une grande netteté la surface convexe du dépôt. Les inégalités de la surface sont d'autant plus prononcées que les matériaux qui le forment sont plus gros. La nature des dépôts est donc soumise à la plus extrême variabilité. Depuis l'ordre parfait qui classe et range tous les matériaux d'après leur grosseur jusqu'au désordre complet où ils sont tous confondus pêle-mêle, on trouve tous les états intermédiaires. Un œil exercé discerne facilement, d'après le travail accompli, sous quelles influences la force a agi et le degré de la perturbation qu'elle a subie avec ses phases diverses. A ce point de vue, les lois du phénomène torrentiel ne peuvent que jeter le plus grand jour sur des phénomènes géologiques restés obscurs jusqu'ici.

En résumé, on le voit, il s'agit simplement d'une perturbation dans l'écoulement. Cette perturbation tient à la fois au mouvement et à la forme de la matière du courant. L'action perturbatrice se traduit par une action soulevante, équivalente à une diminution de la pesanteur, par conséquent la même qui est la cause de toutes les grandes perturbations de la nature constatées jusqu'à ce jour, les marées de l'Océan aussi bien que les perturbations astronomiques. L'Océan ne se soulève et s'abaisse, les astres ne faussent leur marche que par suite des variations de l'attraction et de la vitesse. Ce rapprochement est vraiment curieux ; il tend à établir l'unité de cause pour toutes les perturbations ainsi que l'unité de plan de la création.

Ce rapprochement remarquable entre la perturbation torrentielle et toutes les autres perturbations de la nature est une sérieuse présomption en faveur de la théorie que j'ai développée. J'ai pu errer dans l'analyse des fonctions si compliquées et si variées de la force et du travail, mais le fond est vrai. Je n'ai fait d'ailleurs qu'effleurer ce sujet, qui touche aux plus hautes questions de la physique et de la mécanique. Je reconnais tout ce que cette étude a d'incomplet. Des savants plus autorisés pourront la reprendre et y ajouter ce qui lui manque. C'est ainsi que toutes les sciences ont progressé ; elles constituent, dans leur ensemble, un édifice où chacun apporte sa pierre. Mais ce dont je suis convaincu, c'est que la méthode que j'ai suivie est la seule rationnelle et qui puisse faire de la question des torrents une véritable science.

Je réclame donc l'indulgence du lecteur en m'abritant derrière ces paroles de Newton, parlant de ses propres travaux :

« Dans une matière si abstruse, le lecteur est « prié de ne pas tant songer à blâmer les erreurs « qu'à faire des efforts ultérieurs pour arriver à la « connaissance de la vérité. »

DEUXIÈME PARTIE

ÉTUDE DES TORRENTS

§ 1. Définition des torrents.

Tous les cours d'eau qui coulent dans les gorges des montagnes portent le nom de torrents, dans le sens familier du langage ; mais tous n'ont ni un même régime, ni les mêmes caractères.

Il en est, comme ceux des Vosges ou des Pyrénées par exemple, dont le cours est parfaitement régulier. Leurs eaux limpides, encaissées dans un lit fixe, ne débordent jamais ; elles font beaucoup de bruit, mais peu de mal. Elles sont le plus bel ornement des montagnes, et en même temps un puissant instrument de travail, soit comme moteur économique pour l'industrie, soit comme irrigation pour l'agriculture. Elles sont en un mot un immense bienfait pour les contrées qui les possèdent.

Il en est d'autres, au contraire, comme dans certaines régions des Alpes, qui sont un véritable fléau en répandant autour d'eux la désolation. A chaque grande crue, les eaux font irruption hors de leur lit, détruisent les routes, les ponts et les habitations, stérilisent les terres cultivées en les recouvrant d'une épaisse couche de graviers.

A quoi tiennent ces différences si radicales dans le régime de ces cours d'eau? Uniquement à l'action perturbatrice des matières charriées. Si l'on veut se rendre un compte exact de l'influence énorme, décisive, de cette action, sans la soumettre au calcul, sans recourir à des expériences nouvelles, il suffit de comparer entre eux tous les torrents des montagnes, non-seulement en France, mais dans le monde entier. Les faits d'expérience sont là, nombreux, concluants jusqu'à la plus extrême évidence. La torrentialité est toujours en rapport avec la masse et la nature des matières entraînées par les eaux. Les cours d'eau qui ne charrient point sont d'une stabilité parfaite. Ceux qui charrient beaucoup, au contraire, ont un régime d'une extrême instabilité.

Ce qui achève la démonstration de cette proposition, c'est que les torrents que nous voyons pourvus d'un régime d'une stabilité complète, ont passé, eux aussi, par une période d'extrême instabilité et de divagation. Soit par l'aspect de leur bassin de réception creusé dans le flanc des montagnes, soit par la nature des dépôts qu'ils ont créés dans le fond de la vallée, on acquiert la certitude de ce fait. De sorte que la seule différence existant entre les uns et les autres, c'est que les uns, encore en activité, continuent avec plus ou moins d'énergie leur travail de déblai dans la montagne et de remblai dans la plaine, tandis que les autres, ayant terminé leur tâche, se reposent. M. Surell appelle ces derniers des *torrents éteints*. Cette définition, en rappelant l'image si vraie d'un cratère vomissant des laves et des scories, donne une idée exacte de cet état de choses. Aussi a-t-elle été consacrée par l'usage.

A ce point de vue, les ruisseaux des Vosges et les gaves des Pyrénées ne sont que des torrents éteints.

Dans les Alpes, où on rencontre encore un si grand nombre de torrents en pleine activité, il existe aussi et en plus grande quantité des torrents éteints. Toutes les cultures, presque sans exception, sont assises sur d'anciens dépôts de torrents, parfaitement reconnaissables à leur forme géométrique caractéristique.

L'activité d'un torrent passe nécessairement par

des phases diverses ; elle est ascendante lorsque l'énergie avec laquelle le torrent affouille son bassin et exhausse son lit de déjection va en croissant. Cette activité, après s'être maintenue à sa limite maxima plus ou moins longtemps, commence à décroître, va en s'affaiblissant de plus en plus, à mesure que les eaux ne trouvent plus d'aliments à dévorer, et enfin finit par s'éteindre ou plutôt par s'endormir ; car il arrive souvent qu'après un long repos, si des causes étrangères, telles que la destruction des bois que la nature avait jetés sur la surface du bassin comme une protection, viennent à raviver le travail d'affouillement, on voit apparaître une recrudescence de l'activité du torrent d'autant plus dangereuse que, pendant la période de stabilité, les populations confiantes s'étaient établies avec leurs cultures et leurs habitations dans le voisinage du monstre endormi.

C'est précisément le cas où se trouvent actuellement la plupart des torrents des Alpes. Les signes les plus évidents attestent que la stabilité de ces cours d'eau, sans être complète, comme dans d'autres chaînes de montagnes, y était cependant très-avancée.

Le plus grand nombre des torrents étaient complétement éteints. Chez les autres, l'activité était devenue presque nulle. De vastes forêts couvraient le flanc des montagnes et protégeaient le sol. Mais, par suite de l'accroissement de la population et de la destruction de la végétation, une recrudescence torrentielle formidable s'est produite, et, il faut le dire, cette recrudescence est dans une phase ascendante, c'est-à-dire qu'elle est destinée à prendre des proportions de plus en plus calamiteuses si on n'y prend garde.

Elle aura été du moins utile à la science. Jamais on n'aurait pu deviner les intéressantes lois du phénomène torrentiel, si on n'avait eu sous les yeux des spécimens aussi remarquables de cette grande force.

Sous ce rapport, la région des Alpes est un champ d'études parfait. On y trouve, près les uns des autres, tous les exemples qu'on peut désirer, depuis le torrent éteint jusqu'au torrent en pleine activité.

Les deux parties d'un torrent réellement essentielles sont :

1° Le bassin creusé dans les flancs de la montagne où s'accumulent les eaux;

2° Le dépôt des matières dans le fond de la vallée, qu'on appelle le lit de déjection.

Il faut étudier séparément chacune de ces parties.

§ 2. Le bassin de réception.

Le bassin étant le résultat du travail des eaux, sa forme et ses dimensions sont uniquement déterminées par la résistance que le sol oppose à l'affouillement.

Cette résistance pouvant varier à l'infini, suivant la nature minéralogique des roches, d'après leur dureté, la forme d'un bassin n'est subordonnée à aucune règle fixe. Toutefois, les bassins creusés dans des terrains de même nature affectent des lignes d'une grande similitude. En effet, dès qu'un terrain est dépouillé de la végétation qui le protégeait contre l'action destructive des éléments, il ne résiste plus que par sa force propre. Dès lors, tous les terrains dénudés se classent d'après leur degré de résistance. Ainsi, par exemple, le calcaire jurassique présentera des escarpements très-roides, tandis que le néocomien ou le crétacé, moins résistants, ne pourront se maintenir que d'après des talus plus adoucis.

On peut dès lors *à priori* se rendre compte de l'influence dominante qu'exerce sur le phénomène torrentiel la nature géologique du sol.

On peut en conclure aussi qu'il est très-difficile de classifier les torrents d'après la forme de leur bassin ou leur étendue. MM. Surell et Scipion Gras l'ont essayé sans grand succès. Les genres adoptés par M. Surell ne disent rien à l'esprit ; l'usage n'a pas consacré cette classification qui est bien rarement employée.

Ce qui est commun à tous les torrents, c'est d'abord une gorge principale à laquelle viennent aboutir les autres gorges latérales, se ramifiant sur le tronc commun entre elles comme les branches d'un arbre.

Les ravins, moins profonds et moins étendus que les gorges, s'embranchant sur celles-ci et se ramifiant à leur tour, s'élèvent vers les crêtes où ils se terminent en pointes, marquant les plus légers plis du sol.

Souvent la gorge principale, que j'appellerai la grande gorge, présente vers sa partie supérieure une bifurcation en deux grandes branches d'égale importance. L'espace compris entre ces deux cornes est généralement occupé par une haute falaise à laquelle on a donné des noms singuliers : c'est la Diablée, l'Enfer, ou d'autres dénominations analogues.

La ramification des gorges et des ravins peut être plus ou moins développée.

J'appellerai torrents simples ceux qui ne comprennent qu'une gorge à laquelle aboutissent des ravins en plus ou moins grand nombre. Presque tous les torrents du deuxième genre de M. Surell sont des torrents simples. Exemple : les torrents de Sainte-Marthe et de Riou-Bourdoux.

J'appelle torrents composés ceux qui sont pourvus de deux ou plusieurs gorges, dont l'une est la principale. Chaque gorge secondaire pouvant être considérée comme un torrent simple distinct, le torrent composé est donc celui qui est formé par plusieurs torrents simples se réunissant dans une même gorge. La plupart des torrents de premier genre de M. Surell sont des torrents composés. Exemple : les torrents de Vachères, de Réallon, de Champoléon, etc., etc.

Souvent deux torrents, ou même plusieurs, au lieu d'aboutir à une même gorge, se réunissent dans le fond de la vallée sur un même lit de déjection. C'est un cas particulier qui ne constitue plus le torrent composé proprement dit ; on pourrait plutôt l'appeler le torrent complexe.

Il est essentiel d'indiquer des caractères propres

à distinguer un ravin d'une gorge; une définition exacte est difficile. Il pourra arriver souvent qu'on se trouve embarrassé pour décider si on est en présence de l'un ou de l'autre. En général, on peut dire que la gorge a toujours une grande longueur, et de plus qu'il y coule constamment un filet d'eau plus ou moins fort. Les ravins, au contraire, n'ont qu'une longueur très-bornée, et de plus ils sont à sec quand il ne pleut pas.

Quoi qu'il en soit de ces classifications et de ces dénominations, les lois du phénomène torrentiel en sont indépendantes, et nous pouvons poursuivre notre étude sans nous en préoccuper.

Plus la surface d'un bassin est creusée profondément, plus elle est sillonnée par la ramification des gorges et des ravins, plus l'écoulement de l'eau qui tombe sur ces surfaces déchirées est rapide.

Lorsque les ravins sont tellement nombreux que les intervalles qu'ils laissent entre eux sont réduits à un faible espace, souvent à une arête amincie en lame de couteau ; si, de plus, la superficie est dépouillée de toute végétation ligneuse ou herbacée, le ruissellement s'opère avec une vitesse prodigieuse. Tous les petits ravins versent leur contingent dans les plus grands. Sur des pentes très-roides, la vitesse augmente rapidement dans chaque collecteur. Chaque gorge débite un volume d'eau considérable. La concentration, dans la grande gorge des eaux provenant de toutes les parties du bassin, s'opère avec une promptitude extrême.

Si le sol, soit par sa propre dureté, soit par les forêts qui le protégent, offre une grande résistance à l'action affouillante, l'eau s'écoule en n'entraînant que de faibles parcelles de roches désagrégées et, en quelque sorte, le produit du simple lavage de la surface. Mais si, au contraire, les gorges et les ravins sont creusés dans des terrains meubles sans résistance, tels que des marnes ou des diluvions sans cohésion; si le fond des thalwegs, au lieu d'être rocheux, est lui-même formé de ces terrains facilement affouillables, il est aisé de se rendre compte de ce qui doit se produire. L'affouillement est tel que les eaux entraînent avec elles des masses prodigieuses de matières.

C'est cette coïncidence qui a donné aux torrents des Hautes-Alpes, et particulièrement à ceux du bassin d'Embrun, une si triste célébrité.

Avant d'aller plus loin, je crois devoir donner un simple aperçu de la nature des terrains qu'on rencontre dans ces régions.

Il faut noter en première ligne les marnes noires argilo-schisteuses du lias répandues en si grande abondance, surtout à la base des montagnes. Ces terrains passent par tous les degrés de consistance. Il en est qui sont simplement à l'état de boue durcie, sans aucune trace de schiste ; ils sont d'un noir très-foncé. Dès qu'il pleut, ils se ramollissent, et si on veut y marcher dessus, le pied s'enfonce profondément. Mais il suffit de quelques jours de dessiccation pour les rendre tellement durs que le pic les entame avec peine. En durcissant, ils conservent complétement toutes les empreintes qu'ils ont reçues pendant l'état de ramollissement.

Ces marnes ne sont pas toutes aussi pâteuses ; elles passent par tous les degrés du schiste jusqu'à l'état ardoisier, en offrant les plus grandes variations dans leur dureté.

Une deuxième classe de terrain, jouant un rôle considérable dans les torrents, est celle des terrains de transport : agglomérations puissantes de débris de roches de toute nature et de cailloux roulés empâtés dans un ciment argileux. Quelle que soit l'origine de ces terrains, qu'ils soient le produit de la force glaciaire, comme le pense M. Cézanne, ou de toute autre force de déplacement, ce n'est pas ici le moment de s'en occuper ; constatons seulement leur présence sur de vastes étendues de la superficie des bassins de réception. Ces terrains varient à l'infini dans leur constitution, par rapport à la proportion entre le ciment argileux et les cailloux de toute grosseur. Il en est où le ciment l'emporte presque exclusivement, et on n'a qu'un tuf très-dur. D'autres au contraire sont formés d'un amas considérable de cailloux, se touchant les uns les autres, le ciment ne remplissant que les vides.

Ces terrains offrent parfois une singularité : lorsqu'ils ont été ravinés, les parties saillantes entre les ravins vont en s'amincissant. L'aspect général est celui d'une multitude d'arêtes effilées, d'aiguilles, de pyramides d'un effet pittoresque. Certaines de ces pyramides ont jusqu'à 40 mètres de haut; elles sont ordinairement coiffées d'une large pierre plate, ce qui leur a fait donner dans le pays le nom de demoiselles.

Les bassins présentent donc la plus extrême variabilité dans la nature des terrains, au point de vue de la dureté et de la résistance à l'affouillement.

On y rencontre aussi souvent, ordinairement vers les crêtes, des escarpements de rochers en décomposition plus ou moins avancée et dont les débris, entraînés par la pesanteur, forment au pied de la falaise des amoncellements que les eaux entraînent dans les gorges.

Je ne poursuivrai pas plus loin cette énumération. La nature géologique du sol varie suivant les régions; mais ce qui est constant, c'est que toujours le régime des torrents est en rapport direct avec elle.

Lorsque, comme dans les Alpes, les ravins et les gorges sont creusés dans les marnes et les terrains les plus friables, et que de toutes les parties du bassin, au moment des crues, affluent des masses d'eau considérables, acquérant une vitesse de plus en plus grande en passant d'un collecteur à un autre jusqu'à la grande gorge, l'affouillement devient énorme.

Dans chaque ravin, la vitesse de l'eau est accélérée; le thalweg se creuse de plus en plus; le pied des berges étant miné, elles s'éboulent et l'excavation va en s'élargissant sans cesse.

Les progrès du ravinement sont effrayants dans les Alpes par suite des abus qui ont détruit les bois et les pâturages. Certains ravins, qui ont aujourd'hui plus de 10 mètres de profondeur, ne s'apercevaient pas il y a trente ans.

Dans les gorges, les effets de l'affouillement prennent des proportions énormes ; il en est qui ont déjà atteint plus de 100 mètres de profondeur verticale. L'excavation grandit sans cesse. Au moment des crues, lorsque le courant affouille énergiquement le thalweg, c'est par milliers de mètres cubes que les berges s'effondrent.

Alors se produit le phénomène important auquel on a donné le nom de débâcle. Le courant, barré tout à coup par un amas de matériaux, s'arrête ; un lac se forme en amont ; bientôt les eaux, surmontant ce barrage sans solidité, la masse entière accumulée se précipite dans la gorge comme une avalanche, éventrant la montagne, s'assimilant sur son passage tout ce qu'elle rencontre : l'eau, les pierres, jusqu'aux blocs les plus volumineux, et, parvenue à l'issue de la gorge, elle se brise en dispersant tous les matériaux.

Ce phénomène se produit particulièrement dans les marnes.

C'est par des effets répétés de débâcle que s'explique la descente de blocs ayant jusqu'à 100 mètres cubes.

On rencontre souvent au fond des gorges des blocs engagés dans le thalweg, dont on suit et on mesure le trajet à chaque crue.

L'approfondissement des gorges détermine des glissements dans les versants latéraux qui se font sentir à une très-grande distance. Ces glissements se révèlent par des crevasses et des affaissements dans le sol.

Le ravinement produit donc un double effet : la concentration et l'écoulement rapide de l'eau d'une part, de l'autre un travail énergique de déblai.

Les matières entraînées proviennent de toutes les parties du bassin, mais ce sont les berges, particulièrement celles des grandes gorges, qui en fournissent la quantité la plus considérable.

La configuration du bassin n'est soumise à aucune loi géométrique, puisqu'elle est entièrement subordonnée à une donnée indéterminée, celle de la résistance du sol à la puissance d'affouillement. Dans des terrains de même nature, on trouve des lignes ayant une grande analogie, mais sans qu'on puisse préciser aucune règle.

Le travail de déblai effectué dans la montagne a

pour contre-partie un remblai dans la plaine. A l'issue de la grande gorge, le courant rencontrant subitement un grand élargissement de section, un brusque ralentissement de vitesse se produit et les matières se déposent.

Le courant, n'étant plus resserré dans une gorge, travaille en pleine liberté à la formation de son dépôt qu'on appelle le lit de déjection. Ce travail n'est plus capricieux comme dans le bassin, il est soumis à des lois positives dont l'action se traduit et s'imprime sur le sol, comme nous l'avons déjà dit, par une figure géométrique invariable dans son type. Cette forme n'est pas conique, mais elle rappelle celle des talus d'éboulés ou d'avalanche, et c'est par ce motif qu'on appelle ce dépôt communément, quoique improprement, le cône de déjection.

L'étude de cette formation constitue la partie essentielle de la science des torrents, puisque si le bassin représente la cause, le cône de déjection est l'effet.

Cette étude fera l'objet du chapitre suivant.

§ 3. Cône de déjection.

DES DIVERSES NATURES DES CRUES ET DE LEUR ACTION.

Il existe des crues de diverses natures, suivant les circonstances météorologiques et d'après le rapport du volume des matières entraînées à celui du volume d'eau.

Les crues moyennes affouillantes tendent à creuser et à raviner; d'autres, les crues excessives, tendent au contraire à combler toutes les concavités et à niveler.

L'action affouillante et l'action colmatante ne sont pas toujours séparées dans des crues distinctes; elles se retrouvent simultanément dans toutes les crues, mais plus particulièrement dans les crues excessives.

Il est de la dernière évidence que la forme générale de la surface est due à l'action colmatante des crues excessives maxima. Ce sont donc celles-ci qu'il faut étudier.

Ce qui caractérise la crue excessive, c'est la facilité avec laquelle le courant de matière se produit sous la puissante influence de la viscosité.

La constitution du courant de matière est soumise à la plus extrême variabilité, ce qui engendre une instabilité correspondante dans la marche du courant.

Cette variabilité tient surtout, dans les torrents, à l'extrême inégalité de volume des pierres charriées.

Dès que le courant a atteint l'état de saturation, un ralentissement se produit par le fait seul du développement du travail résistant. Les plus grosses pierres s'arrêtent, se calent, forment instantanément un barrage, ce qui accentue de plus en plus le ralentissement en amont du point d'arrêt, et détermine le dépôt.

L'action du triage des matières étant annulée ou ayant une tendance inverse à l'état normal, puisque les plus grosses pierres, en vertu de la vitesse acquise, tendent à dépasser les plus petites, il en résulte que les pentes du dépôt se règlent d'après la seule loi du ralentissement, indépendamment du volume de cailloux. Et comme le ralentissement se propage vers l'amont, il en résulte que les pentes tendent à diminuer dans ce sens, au lieu de diminuer dans le sens d'aval.

Lorsque le courant est établi dans une dépression du sol, l'atterrissement continue jusqu'à ce que la concavité soit disparue.

Pendant la durée de ce travail, l'eau, soumise à une action soulevante, tourbillonne au milieu des pierres qui s'entre-choquent.

Pendant que le dépôt des matières se produit, la charge du courant diminue. Une portion de la force hydraulique devient disponible, et alors s'opère une action nouvelle de la plus haute importance.

L'eau, rendue libre, cherche à se frayer un passage correspondant à son plus facile écoulement; elle ne le trouve pas dans la direction que continuent à suivre les matières, suivant la ligne de plus grande pente. Elle tend alors à se dégager en suivant au contraire les points culminants du sol.

A un point d'inflexion du courant, du côté de la convexité, sous l'action de la force centrifuge et de la contraction qui résulte du ralentissement, un filet d'eau commence d'abord à se dégager et à suivre les hauteurs; il se fraye d'abord un passage avec peine à travers les pierres; mais la force qui le pousse grandissant sans cesse, le courant d'eau grossit rapidement, sa vitesse s'accélère, sa puissance d'affouillement se développe; un chenal est vite creusé, le courant s'y précipite de plus en plus. On le voit filer comme une flèche dans une direction rectiligne; mais bientôt les matières elles-mêmes commencent à suivre cette direction, abandonnant de plus en plus la première, jusqu'à ce que le courant tout entier soit dévié.

Alors le courant de matière se reforme de nouveau, l'action du ralentissement se fait sentir, le dépôt se produit, la nouvelle cuvette est comblée, et le courant se dévie de nouveau pour suivre les points culminants précédemment créés.

Dans le plein d'une crue excessive et surtout vers la fin de la crue, ces changements s'opèrent souvent avec une prodigieuse rapidité. Dans peu d'instants, le courant est rejeté d'une rive à l'autre du cône de déjection. Il suffit d'un buisson ou d'un morceau de bois pour déterminer sur un point un arrêt des matières et occasionner le changement de direction.

L'action élémentaire du torrent est des plus

simples et invariable, on peut la résumer ainsi : le courant de matière suit toujours les lignes de plus grande pente et dépose sous l'action du ralentissement. Le courant d'eau tend toujours à s'en séparer pour échapper au travail résistant, suit les hauteurs avec une vitesse accélérée et une tendance à affouiller, ce qui fait disparaître toutes les aspérités du sol.

Le travail effectif se compose donc incessamment du comblement de toutes les cavités et de l'abaissement de toutes les sommités, ce qui tend à produire une surface régulière.

Les crues moyennes, dans l'intervalle de deux grandes crues, sont très-variables ; étant plus particulièrement affouillantes, elles ravinent, et, comme l'action soulevante qui leur appartient est inférieure à celle des crues excessives, les eaux ne peuvent s'élever assez haut pour effacer le relief du dépôt dû aux crues excessives. Il en résulte que la forme générale du dépôt, sa figure extérieure, sont essentiellement l'œuvre des crues maxima.

Celles-ci, quoique interrompues, n'en forment pas moins une action continue. Chaque crue maxima reprend le travail au point où l'avait laissé la crue précédente; de sorte qu'on peut concevoir toute la série des crues maxima comme une seule crue prolongée.

Pour chaque torrent, la constitution du bassin étant donnée et toutes les circonstances climatériques et autres restant les mêmes, il en résulte que la crue maxima, se reproduisant dans des conditions à peu près identiques, peut être considérée comme une force constante. Ainsi constance dans la force, continuité dans l'action, laquelle reste soumise aux variations des lois de la pesanteur, d'après le poids des matériaux transportés qu'on peut considérer comme soumis lui-même à la loi de continuité; d'où l'on peut conclure que la figure de la surface engendrée devra être nécessairement géométrique.

La loi géométrique n'étant autre que celle exprimée par la fonction du travail accompli.

Un rapprochement des plus intéressants se présente à l'esprit, c'est que cette loi est exactement celle qui représente le transport des matériaux au moyen de la brouette de Pascal. Dans les deux cas, il y a une action soulevante, atténuant la pesanteur, et réglée d'après le même cosinus, celui de l'angle que la pente fait avec la verticale, puisqu'il a été démontré que, pour les matériaux entraînés, l'action soulevante, proportionnelle au ralentissement, variait comme la pente et la charge du courant, lequel, comme véhicule, joue le rôle de la brouette.

Je ne crains pas de l'avouer, pour ce qui me concerne, je suis stupéfait en constatant que ce gigantesque remblai, qu'on appelle le cône de déjection, opéré naturellement par le travail des torrents, est exécuté d'après les règles que suivrait le plus habile ingénieur, pour économiser le travail et ménager l'espace. Comment, après cela, nier une intelligence dans les lois de la nature?

En visitant successivement toutes les parties du lit de déjection, le torrent opère un remaniement incessant des matériaux du dépôt. Lorsqu'il affouille, il fait un triage continuel, tendant à déblayer les plus petites pierres pour leur en substituer de plus grosses.

Lorsque le courant de matière est formé et que toutes les pierres ont une vitesse commune, les plus grosses, transportées avec la masse, parviennent dans la région inférieure du cône, sur des pentes faibles où elles s'arrêtent. Plus tard, si un courant affouillant les atteint, leur résistance à l'entraînement ne pouvant être vaincue, elles descendent dans l'excavation faite par l'eau, où elles sont enterrées ensuite par un courant colmatant. Elles tendent à s'enfoncer ainsi de plus en plus, jusqu'à ce qu'elles forment un lit inaffouillable.

C'est par cette raison que dans le lit de tous les cours d'eau torrentiels, en fouillant de plus en plus profondément, on rencontre des pierres de plus en plus volumineuses.

On se demande souvent ce que sont devenues certaines grosses pierres qui tapissaient le lit; on pourrait supposer qu'elles ont été entraînées; nullement, elles sont enterrées sur place.

§ 4. Figure géométrique du cône de déjection.

Ce travail de remaniement incessant laisse toujours intactes les lignes principales de la figure géométrique extérieure.

Lorsqu'on parcourt cette surface, on constate à chaque pas des inégalités qui pourraient faire croire à une grande irrégularité. Au contraire, vue de loin, toutes les dépressions se défilent, et les protubérances seules se dessinent. On constate que la ligne qui se détache à l'horizon est d'une régularité parfaite. Cet effet est très-remarquable lorsque, du rond-point de la ville d'Embrun, on contemple le grand cône du torrent de Boscodon.

L'expression exacte de la figure géométrique du cône ne pourrait être obtenue qu'en soumettant au calcul les actions dynamiques qui l'engendrent. C'est une entreprise peu facile et dont je laisse le soin aux hydrauliciens. M. Philippe Breton pense que c'est une illusion de chercher la formule de cette loi géométrique ; il ne me semble pas cependant impossible d'en dégager les éléments principaux.

L'action hydraulique du courant tend à créer la courbe normale de l'écoulement stable de l'eau, c'est-à-dire une courbe concave vers le ciel et dont la courbure croît de plus en plus rapidement vers l'amont. De sorte que si le charriage des matières venait à cesser complétement, le courant s'encaisserait dans les déjections du cône, en créant un lit répondant à cette loi de courbure.

Mais pendant la période d'activité du courant, tant que le charriage des matériaux continue, l'action essentielle du torrent consiste, non à créer les conditions du plus facile écoulement de l'eau, mais plutôt celles qui satisfont au plus facile transport des matériaux, lesquelles sont réalisées par une courbe convexe.

La courbe torrentielle présente donc la réunion des deux éléments, l'un concave, l'autre convexe. Elle sera donc tantôt concave, tantôt convexe, suivant que l'un ou l'autre élément dominera, et on peut même conclure que si la ligne a une longueur indéfinie, elle devra présenter une alternance de convexités et de concavités répondant à l'alternance obligée des périodes de ralentissement et d'accélération de la vitesse du courant.

La convexité sera d'autant plus prononcée que le ralentissement sera soumis à une loi plus rapide d'accroissement. Elle sera donc en rapport avec la grosseur des matériaux et les autres circonstances qui produisent le ralentissement.

Mais quelle sera la loi de cette concavité et de cette convexité?

Je crois devoir citer textuellement ce que dit à ce sujet M. Philippe Breton :

« De là résulte la forme concave du profil en « long du lit des torrents. Quant à chercher une « loi géométrique de cette concavité, c'est, je

« crois, une illusion à laquelle il faut renoncer. Si « un torrent ne roulait que des graviers de deux « résistances distinctes, il finirait par régler son « lit suivant deux pentes seulement, suffisant res- « pectivement pour entraîner les matériaux de « ces deux classes ; mais les résistances variant, « par tous les degrés intermédiaires, entre deux « valeurs extrêmes, toutes les pentes intermé- « diaires prennent leur rang dans le profil en « long, et chacune des pentes occupe dans ce « profil une place proportionnée à l'abondance des « graviers dont la résistance est en équilibre avec « cette pente. Telle est la vraie loi physique de « cette courbure, et elle n'a aucune relation « avec les lois géométriques des courbes con- « nues auxquelles on a essayé très-arbitrairement « d'assimiler ces profils en long. On ne peut savoir « qu'une seule chose sur la loi de cette concavité, « c'est qu'elle est assujettie à la loi de continuité, « mais cette continuité est compatible avec une « foule de formes diverses. »

Pour trouver la solution d'un problème, la première condition, c'est d'en réunir tous les éléments, sans négliger aucune des données.

Or il est évident, d'après le passage que j'ai cité, que son auteur n'a eu en vue que l'action affouillante du courant et le transport par triage, en négligeant l'action du courant de matière et du transport en masse qui représente cependant l'influence dominante dans la formation du dépôt.

Les deux actions, l'une tendant à la concavité, l'autre à la convexité, peuvent varier suivant le degré de torrentialité des cours d'eau, l'une ou l'autre peut prédominer, mais elles ne sont jamais nulles.

Dans les concavités, les pentes vont en croissant vers l'amont, mais l'action soulevante, qui se propage dans le même sens, a pour effet que les pentes croissent de moins en moins rapidement.

Dans les convexités, les pentes vont en diminuant vers l'amont, mais elles diminuent de moins en moins rapidement par la même cause.

Ceci serait facile à démontrer en s'appuyant sur les principes précédemment posés et en suivant les lois de variation du ralentissement et de l'accélération.

Cette loi est en opposition avec ce que dit M. Surell au sujet de la pente-limite. Il pose comme règle que le profil en long est toujours concave et que les pentes croissent de plus en plus rapidement vers l'amont. Il est parti du même point de vue que M. Philippe Breton, en admettant que le profil en long du cône n'était que la continuation du profil dans la gorge. Or, il est de la dernière évidence que les deux profils sont créés par deux actions essentiellement distinctes. Dans la gorge, c'est la puissance d'affouillement seule qui agit; sur le cône, au contraire, elle est combinée avec la puissance colmatante.

Sur les torrents éteints ou qui sont entrés dans la phase d'activité décroissante, la puissance d'affouillement prenant le dessus, le profil en long présente en effet une concavité. Il n'en est point de même pendant la phase croissante de l'activité, le profil en long présente alors, au sortir de la gorge, une convexité d'autant plus accusée et qui se propage d'autant plus vers l'aval, que le phénomène torrentiel est plus énergique.

En résumé, le signe propre à la perturbation torrentielle et à l'instabilité, c'est la convexité; le signe, au contraire, qui caractérise l'ordre et la stabilité, c'est la concavité.

On peut donc conclure de cette discussion que la courbe torrentielle présente cette particularité que la concavité tend sans cesse vers la convexité et réciproquement, ce qui donne à la courbure une extrême flexibilité.

Il n'est pas aussi facile qu'on pourrait le croire de vérifier cette loi en prenant des profils sur les cônes des torrents, à raison des inégalités qu'offre la surface formée par des gros matériaux. Il serait plus aisé de s'en rendre compte sur les dépôts fluviaux ou les deltas, dont la surface formée de faibles matériaux est plus unie. Car cette courbe est générale et s'applique à tous les dépôts torrentiels. C'est ce qui donne à sa détermination une si haute importance.

Pour relever cette courbe sur les cônes des torrents, il faut suivre, en ligne droite, les points saillants du sol, ce qui n'est pas aisé.

J'ai fait prendre quelques profils sur les cônes des torrents de Vachères, de Merdarel, de Boscodon et de Sainte-Marthe, je les donne plus loin, et, sauf quelques inégalités, ils confirment les règles indiquées ci-dessus. (Planches 1 et 2.)

M. Surell, dans son ouvrage, a donné des profils des cônes de Boscodon et de Sainte-Marthe qui diffèrent. Cela tient, j'ai lieu de le croire d'après des informations prises sur les lieux, que les agents des ponts et chaussées, qu'il avait chargés de ce travail, ont suivi le fil de l'eau dans les dépressions qu'elle avait créées, tandis que les agents des forêts ont eu soin, d'après mes instructions, de négliger complétement les dépressions, en s'attachant à suivre aussi exactement que possible les protubérances.

Le profil en long peut donc être convexe ou concave, suivant l'état d'activité du torrent. Il est toujours concave sur les grands torrents, comme ceux de Boscodon et de Sainte-Marthe qui n'éprouvaient qu'une recrudescence et qui étaient près d'atteindre l'extinction naturelle, lorsque la destruction des bois dans le bassin et des défrichements inconsidérés sont venus réveiller leur vigueur.

Si, dans le sens du profil en long commençant à l'issue de la gorge, la puissance hydraulique du torrent prédomine le plus souvent et détermine une concavité, il n'en est plus de même dans le sens du profil en travers.

Chaque fois que le courant, perdant sa direction rectiligne et cessant d'être concentré, se dévie ou se divise en plusieurs branches, il perd de sa force d'entraînement, et la puissance colmatante prédomine. De là ce bombement si caractérisé du profil en travers. Et comme le courant a une tendance incessante d'une part à suivre la ligne culminante du sol, de l'autre à la quitter, il en résulte que, de toutes les arêtes qui partent du sommet du cône, il en est une, centrale, qui devient et se maintient plus élevée que les autres.

La direction de cette arête n'est pas, comme a paru le croire M. Surell, dans le prolongement rectiligne de la gorge ; le plus souvent elle est perpendiculaire à la rivière où le torrent se dégorge. Cela se conçoit ; par là, cette arête est le chemin le plus court pour le transport des matériaux jusqu'au cours d'eau qui doit les entraîner. Étant le chemin le plus court, elle offre aussi la pente la plus roide, ce qui facilite le transport.

S'il n'y a point de rivière, et si le cône s'étale au fond d'une vallée, la direction de l'arête supérieure correspondra toujours aux conditions du charroi le plus facile, tout étant coordonné pour rendre le travail de remblai aussi économique que possible.

Les plus gros matériaux suivent de préférence la direction de cette arête, et, lorsqu'ils sont rejetés à droite ou à gauche, ils ne s'en écartent guère par suite du brusque ralentissement qui résulte de la déviation du torrent.

D'où il résulte que, de chaque côté de l'arête, les pentes forment une convexité très-prononcée, se terminant par une concavité dès que, par le dépôt des gros matériaux, la force hydraulique reprend le dessus, convexité et concavité répondant à la loi géométrique connue.

Le profil en travers a donc la forme d'un arc ou d'un chapeau bicorne.

Le profil du torrent de Sainte-Marthe, de la planche 2, en donne une idée. L'espèce de dos-d'âne, dont l'arête centrale devient le sommet, est d'autant plus prononcé que les matériaux sont plus gros. D'où il résulte que la surface va en s'aplatissant de plus en plus vers l'aval.

Si le profil en travers à l'amont présente la forme d'un arc tendu, il présente à l'extrémité d'aval celle d'un arc débandé.

De sorte que, si on veut se faire une idée géométriquement exacte d'un cône de déjection, on n'a qu'à imaginer une surface engendrée par un arc bandé, glissant sur l'arête centrale comme directrice et se débandant progressivement.

La convexité générale du cône est d'autant plus prononcée, que les matériaux sont plus volumineux.

Lorsque les roches du bassin qui alimentent le torrent sont très-friables et se brisent en petits fragments, le cône est très-aplati.

L'aplatissement atteint ses dernières limites sur les grands deltas, à l'embouchure des fleuves, là où le dépôt n'est plus formé que des limons les plus fins.

De sorte que la loi géométrique, restant invariable dans le type de la courbe torrentielle, est compatible avec une infinité de formes.

§ 5. Loi d'accroissement du cône de déjection.

Tant que l'apport des matériaux qui arrivent d'amont est supérieur à la quantité entraînée par la rivière où aboutit le torrent, le dépôt s'accroît nécessairement.

Cet accroissement s'opère dans tous les sens : hauteur, longueur et largeur, si rien n'y met obstacle.

Lorsque le dépôt s'élève au-dessus du point qui marque l'issue de la gorge, il remonte dans l'intérieur de celle-ci tant que dure l'accroissement en hauteur. Le dépôt, au lieu de s'étaler librement, se trouve alors compris entre les deux berges, lesquelles sont par là noyées en partie par l'atterrissement.

Cet effet se produit dans presque tous les torrents. Dans les grands, comme ceux de Vachères ou de Boscodon, le dépôt remonte à plus de 4 kilomètres dans la gorge.

On peut se représenter facilement la disposition qui en résulte.

A partir du point du thalweg de la gorge où commence le dépôt, celui-ci va en s'élargissant, tout en étant contenu entre les berges, et il ne peut s'étaler librement qu'à partir du point où celles-ci disparaissent en s'enfonçant sous le dépôt.

L'accroissement en longueur par l'aval est nécessairement limité au confluent avec la rivière.

Pendant la période de grande activité, lorsque le torrent charrie des pierres d'une résistance supérieure à la puissance d'entraînement de la rivière, celle-ci est rejetée sur la rive opposée, et le cône s'allonge. C'est là une des causes des sinuosités des cours d'eau. Plus tard, si le torrent vient à s'éteindre, et qu'un torrent de la rive opposée repousse la rivière, elle rongera le cône qui se terminera dès lors par une troncature.

A mesure que le cône croît en hauteur, et que son sommet remonte dans l'intérieur de la gorge, sa pente générale se roidit, ce qui facilite de plus en plus la descente des matériaux. Ce travail dure tant que la compensation n'est pas établie entre l'apport et le débit des matériaux. Dès que ce résultat est atteint, l'accroissement en hauteur cesse. Il en résulte un profil que M. Philippe Breton a appelé profil de compensation, et M. Surell la pente-limite.

Il importe cependant, pour préciser les idées sur ce point, de faire quelques observations.

Voici quelles sont les règles que M. Surell assigne à la pente-limite :

1°. Concavité dont la courbure croît de plus en plus rapidement vers l'amont;

2° Continuité de la courbe au point de raccordement du dépôt et de la gorge.

Nous avons déjà vu que la première règle est inexacte. Dans la concavité du profil en long du cône, la courbure, au lieu d'aller en croissant vers l'amont, va au contraire en diminuant. C'est le contraire de ce qui se passe dans la concavité du profil de la gorge. Dès lors, il ne peut pas y avoir de continuité entre deux courbes différentes.

Ce qui a pu faire illusion à M. Surell, c'est que, s'il n'y a pas une continuité géométrique, il y a un raccordement tangentiel entre les deux courbes, lorsque le torrent est éteint, ou au moins s'il est parvenu à la dernière période de son activité.

La puissance hydraulique, reprenant le dessus, efface la protubérance qui persiste à l'issue de la gorge tant que la puissance colmatante prédomine.

La continuité de la courbe n'est donc qu'apparente ; mais elle est réellement le signe caractéristique de la pente-limite ou de ce que M. Philippe Breton appelle le profil d'équilibre, en attachant à cette définition ce sens : que la surface du cône a atteint sa stabilité, n'étant plus remaniée, et les matières qui arrivent d'amont s'écoulant librement jusqu'à la rivière.

§ 6. Explications de certains effets des torrents.

Certaines manifestations des torrents avaient paru tellement extraordinaires, tant que les lois torrentielles n'étaient pas établies, que l'imagination allait chercher les explications les plus irrationnelles.

Tel est, par exemple, ce fait généralement admis : qu'au moment des crues, de grosses pierres se mettent à rouler toutes seules, avant que le courant les ait atteintes, et sous l'impulsion d'un courant d'air qui précède la tête de crue.

Des témoins oculaires, des hommes graves m'ont affirmé le fait à moi-même. M. Surell a recueilli de nombreux témoignages et a cherché même à expliquer le phénomène théoriquement.

En réalité, le fait signalé est absolument impossible. La résistance croissant comme le carré de la vitesse, si on tient compte de la vitesse nécessaire à un courant d'air pour déplacer un galet simplement de la grosseur d'un œuf par exemple, de quel degré de vitesse devrait être animé un courant capable de déplacer une pierre comme celles dont on parle et qui aurait au moins 50 centimètres de diamètre! C'est physiquement impossible.

Et il faut remarquer que les personnes qui prétendent avoir vu ces choses s'accomplir sous leurs yeux, à quelques pas d'elles, ne songent pas que si elles s'étaient trouvées prises dans un tel courant d'air, elles l'auraient au moins senti!

Lorsqu'on presse de questions ces témoins, tous déclarent avoir vu les pierres rouler à sec devant eux, mais aucun n'a vu une de ces pierres au moment où elle passait de l'état d'immobilité à l'état de mouvement.

Ces témoins sont véridiques en ce sens qu'il est vrai que des pierres ont roulé devant leurs yeux; mais là où ils se trompent, c'est sur l'explication du phénomène. Ils l'ont attribué à la force du courant d'air: là est l'erreur.

Ce fait est fort simple et s'explique parfaitement par les considérations développées plus haut, tirées des effets d'un brusque ralentissement sur un courant de matière. En vertu de la vitesse acquise et de l'action soulevante, des pierres se détachent projetées en avant.

Nous avons vu que c'est vers l'étranglement occasionné par un pont que le phénomène se produit avec le plus d'intensité. D'ailleurs, c'est sur ces points qui servent de passage qu'il a dû être plus facilement constaté. Au moment des grandes crues, il y a peu de témoins dans les gorges désertes des torrents.

Du moment où on est en possession des principes, rien n'est plus facile que de se rendre compte rationnellement de tous les effets et de tous les accidents qui peuvent se produire.

On a constaté que, lorsqu'un torrent est endigué sur une partie de son cône, le courant a une tendance à se porter sur les mêmes points d'une digue longitudinale.

Cela se conçoit : il se produit sur ces points une concentration du courant qui augmente sa puissance d'entraînement, et, d'autre part, par suite de la faiblesse du frottement contre les parois de la digue, surtout si elle est verticale, les matériaux ne peuvent s'arrêter. Il y a donc là une chasse qui ne permet pas au dépôt de se former, et, dès que le courant y est établi, il a une tendance à s'y maintenir ou à y revenir.

Seulement le courant ne peut suivre indéfiniment la direction de la digue; le travail résistant croissant comme la quatrième puissance de l'accélération qui se produit inévitablement, l'équilibre tend à s'établir au bout d'un certain parcours; le dépôt se forme avec le ralentissement, et le courant, cessant de longer la digue, est rejeté violemment sur la rive opposée.

On peut expliquer également et avec autant de facilité tous les effets produits par les épis perpendiculaires et en général par tous les obstacles qu'on tente d'opposer au torrent.

Je ferai seulement une remarque qui me paraît intéressante et dont j'ai été souvent témoin en assistant au spectacle des grandes crues des torrents les plus furieux des Alpes.

Alors que les ouvrages de défense en apparence les plus solides étaient détruits en quelques instants, on voyait avec étonnement un simple chevalet, composé de trois pièces de bois, résister victorieusement à tous les assauts. Ce faible obstacle brise la force; l'eau passe à travers; un ralentissement se produit en déterminant un dépôt qui consolide le faible obstacle au lieu de l'ébranler.

En général, lorsqu'on veut lutter contre un torrent, on n'y parvient pas si on oppose une résistance complète. C'est par le brisement de la force qu'on réussit.

§ 7. Ce qui se passe au moment de l'extinction.

Lorsqu'un torrent cesse de charrier, les eaux, reprenant toute leur puissance d'affouillement et d'entraînement, creusent un lit au milieu des déjections du cône et travaillent à créer un lit stable.

Ce travail est des plus curieux à suivre. Nous avons déjà plusieurs torrents entrés dans cette phase et qui sont en train de perfectionner leur lit.

Un triage énergique s'établit sur le fond et sur les berges de la nouvelle cuvette. Toutes les matières, dont la résistance à l'entraînement est audessous de la force du courant, sont entraînées.

Les autres restent, se calent les unes les autres, prennent la position qui convient à la plus grande résistance. Le courant, comme un ouvrier intelligent, les retourne jusqu'à ce qu'elles aient pris la position qui convient à la plus grande solidité, et ce travail ne cesse que lorsque le lit est devenu complétement inaffouillable.

Naturellement, c'est de l'amont vers l'aval que se propage cette confection du lit définitif.

Quand tout est terminé, on n'a plus qu'un cours d'eau contenu dans ses rives naturelles garnies de grosses pierres et finissant par se couvrir de végétation.

M. Cézanne conseille d'aider ce travail naturel par quelques travaux de curage consistant principalement à faire sauter certains gros blocs qui s'opposent à un approfondissement suffisant de la cuvette.

Sans doute cette opération peut être utile dans certains cas, mais en général nous avons reconnu qu'il était préférable de ne pas se hâter de l'entreprendre, et qu'il fallait d'abord laisser le torrent agir par lui-même.

Les procédés de curage pratiqués en Suisse, qu'il cite, sont surtout employés sur les torrents qui charrient peu, en vue de suppléer aux travaux d'extinction.

On conçoit que, dans ce cas, il peut suffire d'entretenir le chenal libre après chaque crue, pour rendre inoffensive la crue suivante. Mais cette opération est inutile sur la plupart des torrents des Alpes. C'est dans le bassin de réception qu'il faut les attaquer, en faisant cesser les causes du mal.

Ce sera l'objet du chapitre suivant.

TROISIÈME PARTIE

EXTINCTION DES TORRENTS

§ 1. Position de la question.

De l'aveu de tous les ingénieurs qui ont eu à lutter contre les torrents pour protéger les vallées, les travaux purement défensifs ont été reconnus, dans la plupart des cas, sinon inutiles, du moins tout à fait insuffisants et souvent dangereux, en aggravant parfois la situation.

M. Surell surtout a mis cette vérité en pleine lumière, et il a prouvé d'une manière irréfutable qu'il fallait transporter dans le bassin les travaux de protection, pour atteindre le mal dans ses causes.

Il a démontré non moins victorieusement que le

boisement était le moyen le plus puissant d'extinction des torrents, puisque par la végétation on agit à la fois et sur le débit et sur la consolidation du sol.

Son éloquent plaidoyer en faveur des forêts fut accueilli avec la distinction qu'il méritait, et, lorsque les grandes inondations de 1856 vinrent de nouveau émouvoir l'opinion publique et le gouvernement, ses idées si justes trouvèrent enfin une sanction dans la loi du 28 juillet 1860, qui confiait à l'administration des forêts le périlleux honneur d'entreprendre une campagne contre les torrents.

M. Surell ne s'était pas borné à prôner le reboisement des montagnes, il avait signalé en même temps les avantages qu'on pourrait retirer du gazonnement et de petits ouvrages de consolidation artificiels dans les ravins, formés de fascinages.

Son esprit logique avait entrevu le parti qu'on pourrait tirer d'ouvrages d'art plus considérables, mais il n'avait pas cru à la possibilité de garantir leur solidité et leur durée dans les conditions difficiles où ils se trouveraient établis.

MM. Scipion Gras et Philippe Breton ont proclamé hautement aussi et de la manière la plus explicite que le boisement du bassin leur paraissait le moyen d'action le plus sûr contre les torrents, et ce n'est qu'à défaut des procédés d'extinction dont l'application était encore entourée d'obscurités et d'incertitudes, qu'ils ont proposé, pour atténuer au moins provisoirement le danger, des expédients que nous examinerons plus loin.

Je ne crois pas devoir relater ici toutes les difficultés et les vicissitudes que les forestiers ont eu à surmonter au début de l'opération, dans l'ordre moral et administratif.

Les alarmes des paysans, au sujet de leurs intérêts pastoraux, furent telles qu'elles se traduisirent même par la révolte ouverte. La fermentation des esprits était extrême dans toutes les montagnes, surtout dans la région des Alpes. Comme toujours, les passions politiques et toutes les haines locales s'emparèrent de la question en l'envenimant.

Toute cette agitation est aujourd'hui à peu près calmée, et, il faut le reconnaître, cet heureux résultat est dû en majeure partie à l'esprit qui a présidé à la direction de l'opération.

Voulant pour le moment me renfermer dans les limites du côté technique du problème, je ne parlerai pas davantage des difficultés de l'ordre moral et économique, et je me hâte d'aborder l'étude du système d'extinction.

Les moyens dont on dispose forment trois catégories : le boisement, le gazonnement et les ouvrages artificiels de consolidation.

Pour déterminer exactement dans quelle mesure et dans quels cas chacun de ces moyens doit être utilisé, il est indispensable d'étudier séparément leur action respective. Nous résumerons ensuite dans une discussion générale le système du plan d'extinction.

§ 2. Action des Forêts.

L'action des forêts, au point de vue hydrologique et météorologique, a donné lieu à de longues controverses. La question généralisée, sans distinction d'altitude, de latitude, de configuration du sol et d'une foule d'autres éléments, ne comporte pas une solution uniforme. Je crois donc devoir écarter tout d'abord ce qui concerne les forêts en plaine et considérer seulement l'utilité des forêts placées sur les versants des montagnes, dans les bassins des cours d'eau.

Leur action est multiple ; il n'est pas facile de pénétrer tous les secrets de la nature, et il est probable que nous n'apercevons pas dans son intégralité le rôle éminemment conservateur que remplit une haute futaie étendant au-dessus du sol ses puissants organes de végétation ; mais, en ne tenant compte que des effets qui se révèlent avec la dernière évidence, on acquiert la certitude que ce rôle bienfaisant est considérable et décisif au point de vue du régime des cours d'eau.

Dans les discussions qui ont été soulevées par cette question, on s'est presque exclusivement préoccupé de la perméabilité ou de l'imperméabilité du sol, et du rapport entre la quantité d'eau absorbée et celle qui s'écoule.

Certainement c'est là un élément important du problème, et il ne sera pas difficile de démontrer que les forêts diminuent dans une énorme proportion la masse d'eau qui s'écoule ; mais le service qu'elles rendent est peut-être plus grand encore, en régularisant l'écoulement et en ne débitant que de l'eau claire d'une parfaite fluidité.

L'étude des torrents nous a démontré que le mal ne consistait pas tant dans le volume plus ou moins grand de l'eau, mais plutôt dans la perturbation que subissait l'écoulement. Nous avons vu que les causes principales de cette perturbation sont les brusques variations dans le débit et dans la fluidité du liquide. Or, si nous démontrons que les forêts ont, sous ce double rapport, une puissance régulatrice supérieure à celle de toute autre force, il sera prouvé qu'elles sont le plus puissant moyen d'extinction des torrents.

Si l'on met à découvert par une coupe verticale l'intérieur d'un terrain boisé en pente, on constate à la partie supérieure une couche d'épaisseur variable, le plus souvent de 30 à 40 centimètres, formée d'un terreau appelé humus, dans laquelle le chevelu des racines est tellement développé que le tout a l'aspect d'une matière feutrée. Cette couche est à la fois comme une éponge et un filtre. Les grosses racines des arbres pénètrent plus ou moins dans la roche sous-jacente, suivant sa perméabilité ou sa perforabilité.

Lorsque la pluie tombe sur un terrain boisé, une partie considérable de l'eau est restituée à l'atmosphère par l'évaporation ; une autre est absorbée par l'immense appareil des branchages et des feuillages. Si la pluie se prolonge, l'eau parvient enfin au sol, lequel est susceptible d'en absorber une énorme quantité. L'écoulement est lent à s'établir ;

il faut d'abord que la saturation de la couche spongieuse soit complète ; mais, dès que cet état est atteint, et que l'eau peut se frayer un passage par un nombre infini de canaux imperceptibles, l'écoulement, pareil à celui d'un siphon amorcé, se maintient et se prolonge d'une manière uniforme, même longtemps après que la pluie a cessé.

On voit, ceci est un fait d'expérience, alors que les surfaces déboisées ne fournissent plus d'eau, de gros ruisseaux sortir des forêts.

C'est ce qui avait fait dire à certains adversaires des forêts qu'elles étaient plus nuisibles qu'utiles, puisqu'elles tendaient à prolonger les crues.

Nous pouvons maintenant apprécier la valeur d'un tel argument. La crue est prolongée, il est vrai, mais le débit est régularisé; il est affaibli au début et accru à la fin. Le volume total de l'eau s'écoule dans un temps plus long, et, ce qui est plus important, il s'écoule d'une manière uniforme, en évitant les brusques variations.

Ce qui est plus important encore, la forêt, agissant comme un filtre, ne débite que de l'eau possédant une extrême fluidité; elle est à peine salie par le lavage de quelques matières organiques, mais elle ne peut pas entraîner les terres du sous-sol protégées contre l'érosion par l'épaisse couverture qui les préserve.

Lorsque la pluie tombe, au contraire, sur un terrain dépouillé de végétation, elle tend à le raviner si sa résistance n'est pas suffisante, et l'écoulement s'opère avec les plus extrêmes variations, entraînant des terres et tous les débris du sol.

Les forêts ont donc la double propriété, d'une part, de consolider le sol; de l'autre, de diminuer et de régulariser l'écoulement, agissant à la fois et sur le débit et sur la perturbation, c'est-à-dire sur la cause première et sur les causes secondes du débordement des cours d'eau.

On a voulu soumettre à des expériences l'action des forêts au point de vue météorologique et hydrologique. Sans doute, ces études si intéressantes ne sont pas perdues pour la science, on ne saurait trop les encourager; mais on doit reconnaître qu'elles n'ont qu'une faible valeur, par cela même que l'action modératrice et régulatrice, qui est capitale dans tout l'ordre de la nature, leur échappe complétement, la météorologie étant avant tout une science d'observation.

Qu'importe, par exemple, la quantité d'eau qui

tombe annuellement dans un bassin, en ce qui concerne une crue donnée ? L'essentiel serait de savoir, par rapport à la quantité tombée pendant la durée de la crue, de quelle manière s'est opéré l'écoulement, en tenant compte de toutes les causes de perturbation. Ce qui paraît difficile.

En ramenant toute la question à la perméabilité du sol et à sa capacité absorbante, on paraît attacher une importance exclusive à la réduction du volume d'eau qui s'écoule. On oublie par là que des cours d'eau, régulièrement alimentés, constituent la principale richesse d'un pays, et sont le plus puissant de tous les instruments de travail.

Par leur puissance modératrice, les forêts agissent comme de vastes réservoirs, non-seulement en évitant les brusques variations du débit pendant une crue, mais en alimentant les cours d'eau et élevant leur niveau pendant la période d'étiage.

En ce qui concerne les torrents des Alpes spécialement, il est démontré que la recrudescence qu'ils subissent, et qui a pris surtout de si fortes proportions depuis une quarantaine d'années, tient à la disparition des bois. Quand on parcourt ces terrains ravinés et dépouillés de toute végétation, on rencontre encore de nombreuses souches de pin et de mélèze, qui attestent qu'à une époque encore peu reculée ils étaient recouverts par de vastes forêts.

M. Surell cite, comme exemple de l'action des forêts, le torrent de Savines, aujourd'hui complétement éteint, et dont le bassin est entièrement garni par une magnifique forêt de sapins et de pins. La forêt a en effet contribué à l'extinction, mais il importe cependant de faire une observation.

Cette extinction naturelle du torrent remonte aux siècles les plus reculés. Le cône est d'une régularité géométrique parfaite. A sa base, contre la Durance, il présente une troncature produite par l'érosion de la rivière, et dont l'escarpement a environ 30 mètres de hauteur à son point culminant. Cette coupe du terrain laisse à découvert l'intérieur du dépôt torrentiel formé de cailloux roulés.

Toute la surface du cône est cultivée, et sur une partie se trouve bâti le gros village de Savines (chef-lieu de canton).

Cet énorme remblai est situé au pied d'une haute montagne appelée Morgon, dans les flancs de laquelle est creusée une gorge profonde entourée d'un vaste bassin dû au travail des eaux. Tous les versants de la montagne sont tapissés d'une belle forêt produisant des sapins ayant plus de 30 mètres de haut et 3 mètres de tour.

Les pentes sont profondément ravinées, mais boisées jusqu'au bord des thalwegs. Un assez fort ruisseau sort de la gorge principale, mais il ne grossit que très-peu; il ne charrie plus de matières, et il s'écoule dans la Durance par un lit profondément encaissé dans le flanc gauche du cône. L'extinction et la stabilité sont complètes, et il est certain que si la forêt venait à disparaître, de nouveaux désordres se produiraient, mais plus avec la même intensité qu'autrefois.

En parcourant tout le bassin avec attention, je me suis assuré que, sur tous les points, le fond des thalwegs des gorges et des ravins, formé par la roche dure, était absolument inaffouillable. On peut donc induire de là que, pendant la période d'activité du torrent, alors que le bassin s'approfondissait de plus en plus, la surface ne devait pas être boisée. Mais dès que les eaux furent parvenues partout au roc dur, et qu'elles ne purent plus affouiller leurs thalwegs, les versants tendirent à se consolider en prenant leur talus naturel d'équilibre, et, dès lors, la végétation put commencer à prendre pied et achever l'extinction.

Cette remarque est importante, en ce sens que si la disparition d'une forêt donne toujours naissance à des désordres torrentiels, il n'est pas toujours vrai qu'on puisse y mettre un terme avec le seul secours de la forêt.

Tant qu'un terrain meuble est protégé par l'état boisé, il se conserve et se comporte, au point de vue hydrologique, comme les terrains les plus solides ; mais, si le bois vient à disparaître, si le terrain se ravine profondément, si le fond des ravins continue à être facilement affouillable, il devient extrêmement difficile d'asseoir la végétation sur des berges qui s'écroulent continuellement et qui, outre leur instabilité, ne possèdent plus aucune trace de terre végétale.

Dans les Alpes, il y a de nombreux exemples de forêts séculaires qui s'écroulent lorsque le pied du versant est affouillé par les eaux.

On est donc conduit, si on a des raisons pour vouloir une extinction radicale et prompte, à donner au fond des ravins, artificiellement, une résistance à l'affouillement, par des ouvrages de consolidation appropriés et qui feront l'objet d'un chapitre spécial. Mais, auparavant, il importe d'épuiser tout ce qu'il faut dire concernant les procédés naturels.

La puissante action des forêts est donc incontestable, quelle que soit la nature du boisement : futaie, taillis, simples broussailles, tout contribue à affermir le sol, à retarder et à régulariser l'écoulement.

En comparant les diverses natures de bois, on peut dire que les hautes futaies, avec leur vaste appareil de feuillage à une grande élévation au-dessus du sol, conviennent mieux au point de vue météorologique et hydrologique, et que les sous-bois valent peut-être mieux pour assurer la consolidation du sol sur des pentes rapides. Mais comme ordinairement, dans des terrains peu riches, le sol des futaies se couvre de mort-bois, il en résulte que le mélange des deux natures de peuplement réalise le mieux le but qu'on se propose d'atteindre.

§ 3. Action du gazon.

Pour bien se rendre compte de l'action exercée par une couche de gazon recouvrant le sol, il faut suivre le travail naturel vraiment intéressant qui se produit, lorsqu'on supprime le pâturage sur un terrain jusque-là livré aux abus de la dépaissance.

Les faits que je vais exposer ne sont pas purement théoriques, ils sont affirmés par les nombreuses expériences de mises en défends effectuées depuis un grand nombre d'années.

Je crois d'abord devoir faire une remarque importante au sujet des différentes natures de dégradations du sol. Les unes, simplement superficielles, ne compromettent en rien la stabilité et la solidité de la masse du terrain. La surface est plus ou moins dégradée, mais le sous-sol est inébranlable. D'autres, au contraire, s'il s'agit de terrains meubles ou mal assis, entament la masse, la déchirent profondément et l'ébranlent jusque dans ses fondements.

Il est de la dernière évidence que l'action du gazon, si toutefois il peut s'en produire, est à peu près nulle pour cette seconde classe. Il n'y a que le bois, avec ses fortes et profondes racines, qui soit capable d'affermir et de protéger un sol aussi instable, et souvent le bois lui-même a besoin de l'aide des ouvrages artificiels de consolidation.

L'action du gazon au contraire est très-puissante, s'il s'agit seulement de réparer un mal superficiel, en faisant disparaître les traces d'érosion.

Reprenons donc la description du travail de la nature.

Dès que le sol n'est plus piétiné par les troupeaux, et que les rares herbes qu'il est encore capable de produire ne sont plus rongées jusqu'à la racine, il se fait un réveil des forces de la nature. Tous les germes enfouis reprennent de la vie. Dès la première année, le terrain change d'aspect, il commence à verdir légèrement. A l'automne, les plantes répandent leurs graines. D'année en année, la végétation se répand et s'impose de plus en plus.

A mesure que ce changement s'opère dans l'état de la surface, l'eau arrive moins rapidement et avec moins d'abondance dans les ravins et les plis du sol. Sa puissance d'entraînement des matières s'affaiblit ; d'abord elle n'a plus la force d'entraîner les plus grosses pierres qui roulent au fond des ravins et de toutes les dépressions, et s'y arrêtent.

Au travail d'érosion et d'entraînement succède l'action opposée, celle du colmatage et du nivellement. Cette action, d'abord lente, s'accentue, en suivant une progression rapidement croissante. La tendance au nivellement général élargit partout la section d'écoulement ; le ralentissement de la vitesse succède à l'accélération. La végétation, favorisée par ce colmatage fertilisant, prend un développement énergique; elle envahit de plus en plus le fond des ravins. C'est là un signe caractéristique de la victoire assurée à la végétation.

Lorsque le versant est dominé par des crêtes formées de roches désagrégeables, ces sommités, plus exposées à l'action destructive des éléments, continuent à produire des masses de menus débris qui alimentent l'action du colmatage sur les pentes inférieures. Les ravins et toutes les dépressions du sol tendent de plus en plus à s'effacer. Le sol va en s'élevant sans cesse. Dans cette couche nouvelle perméable et divisée, le gazon se développe avec une vigueur de plus en plus grande, et il finit par atteindre une épaisseur considérable; elle est souvent de 30 centimètres.

On peut apprécier dès lors l'action produite par cette épaisse couche de gazon.

Au point de vue de la consolidation du sol, la protection est complète.

Au point de vue hydrologique, l'absorption de l'eau par cette couche perméable est d'autant plus grande, que, soit par suite d'un plus grand nivellement de la surface, soit par l'effet des longues herbes, l'écoulement subit un ralentissement énorme.

Le nivellement, en élargissant indéfiniment la section, réduit la masse d'eau à une lame extrêmement mince; ensuite chaque brin d'herbe brise facilement cette lame, de sorte que l'eau, qui ne peut acquérir de la vitesse que par une certaine concentration, est émiettée à un tel point, que tout écoulement est impossible, à moins d'un cas extraordinaire, tel qu'une trombe s'abattant et se concentrant sur un seul point.

Les bois exercent aussi une action colmatante sur les versants qu'ils occupent, lorsque les crêtes sont dénudées et formées de roches désagrégeables, produisant non-seulement de menus débris, mais aussi très-souvent des pierres et des quartiers de rocher.

Dans certaines forêts, tous les arbres sont mutilés gravement, du côté d'amont, par le choc de pierres qui roulent du haut de la montagne.

Quand ces projectiles sont lancés avec trop de vitesse, ils roulent jusqu'au bas de la montagne, mais le plus souvent ils s'arrêtent sur la pente, et forment par leur amoncellement une couche d'épaisseur variable.

Lorsque ce colmatage s'opère lentement et régulièrement, il est extrêmement favorable à la végétation. C'est là une des causes de la beauté des bois sur les versants.

Dans une culture forestière perfectionnée, il serait possible, par de légers travaux, d'enrichir le sol en favorisant ce colmatage naturel.

Sur les pentes rapides, et s'il s'agit d'arrêter et de fixer des matériaux volumineux, le bois est préférable ; mais sur des pentes faibles, le gazon, qui agit sur les menus graviers et les sables les plus fins, réalise un colmatage plus fini et plus uni.

C'est un fait d'expérience que les terrains gazonnés sont mieux nivelés que les terrains boisés.

On peut donc tirer cette conséquence que, dans des cas donnés, même pour des terrains que l'on a intérêt à boiser, il est souvent préférable de les soumettre préalablement au régime de la mise en défends, afin de leur faire subir cette préparation naturelle qui les nivelle et les fertilise.

Lorsque, par suite du mauvais état du sol et de l'état trop avancé du ravinement, l'action de la nature serait trop lente pour cicatriser des plaies si profondes, on doit lui venir en aide par des procédés artificiels. Il suffit souvent de quelques fascinages en travers des ravins pour déterminer l'action colmatante et lui imprimer une énergie extrême. On ne peut sous ce rapport tracer aucune règle fixe. Le principe est celui-ci : puisque c'est par sa concentration que l'eau acquiert de la vitesse et sa force de destruction, il faut autant que possible, et sur tous les points, ralentir la vitesse en élargissant la section.

La mise en défends ne produit pas partout un gazonnement pur, il faut une certaine altitude favorable aux plantes gazonnantes des hautes montagnes et certaines conditions de sol. Dans les régions inférieures et suivant les contrées, dès qu'un terrain n'est plus livré aux troupeaux, la végétation se réveille, et toutes les plantes de la localité, dont les germes se sont conservés dans le sol ou dont les semences sont apportées par le vent, se développent. Ce sont des lavandes, des genêts, des fétuques, et très-souvent de véritables essences forestières, le chêne surtout, qui est si vivace.

Toute cette végétation naturelle, quelle qu'elle

soit, est précieuse, quand il s'agit de restaurer un terrain appauvri et de combattre les redoutables effets du ravinement.

En résumé, la végétation sous toutes ses formes est le plus puissant moyen de restauration et de consolidation du sol, et par cela même l'agent le plus actif et le plus précieux d'extinction des torrents. Mais, comme je l'ai déjà dit, il est certains cas où le mal a fait des progrès si effrayants, que la nature livrée à ses seules forces serait impuissante à le réparer. Il faut absolument lui venir en aide, si l'on veut protéger les vallées efficacement et surtout promptement.

Je vais donc examiner dans le chapitre suivant ces procédés artificiels.

§ 4. Théorie des barrages.

L'idée de l'emploi des barrages contre les torrents n'est pas nouvelle; elle a été émise, discutée et expérimentée depuis longtemps, mais à des points de vue très-différents qu'il importe de préciser, si l'on veut juger sainement les avantages et les inconvénients de ce moyen d'action.

M. Surell, partisan et promoteur du système

d'extinction, n'a pas cru à la possibilité d'asseoir des ouvrages solides pouvant assurer la consolidation des berges; il s'en est tenu à conseiller des fascinages.

MM. Scipion Gras et Philippe Breton, sans nier la supériorité des procédés d'extinction, ont cherché, à leur défaut, dans les barrages un expédient capable d'atténuer le mal, sinon de le guérir.

L'étude de leurs systèmes est très-propre à jeter un grand jour sur la théorie tout entière.

Les barrages peuvent être considérés à deux points de vue bien distincts : 1° comme consolidation immédiate du sol ; 2° comme retenue ou emmagasinement des graviers.

BARRAGES DE RETENUE.

L'invasion des vallées par les graviers étant manifestement la cause principale du mal, l'idée de retenir quelque part ces matériaux et de les emmagasiner devait naturellement se présenter à l'esprit.

C'est à ce point de vue que se sont placés

MM. Scipion Gras et Philippe Breton ; ils ont différé d'opinion sur le choix de l'emplacement.

La retenue sur le cône offrant des dangers pour les riverains, ils sont remontés plus haut. M. Breton installe ses barrages dans la gorge. Là il n'y a pas à craindre que l'atterrissement soit nuisible aux rives, au contraire, il ne peut que les consolider ; mais, comme il ne dispose que d'un espace étroit, il est obligé de gagner en hauteur ce qui lui manque en largeur, en échelonnant ses barrages les uns au-dessus des autres, à mesure qu'ils se remplissent.

Si on n'avait affaire qu'à un torrent charriant médiocrement, de telle sorte que chaque barrage puisse utilement fonctionner pendant un certain nombre d'années, le système pourrait être pratiqué ; mais, s'il s'agit d'un de ces torrents qui charrient démesurément, il ne faut pas y songer. M. Breton le reconnaît. Toujours est-il que son mémoire restera comme une des plus belles études qui auront été faites sur les torrents.

L'idée de M. Scipion Gras, que M. Cézanne a critiquée à tort, est très-rationnelle et basée sur la connaissance des vrais principes des lois torrentielles.

Ne pouvant installer des barrages de retenue ni sur le cône à cause des riverains, ni dans la grande gorge où il manquerait d'espace, il a choisi la partie supérieure du dépôt qui remonte dans l'intérieur des berges, et qu'il appelle avec justesse le *canal de déjection*. Là il dispose de la largeur qu'exige son système, sans crainte de nuire à aucun intérêt.

Au lieu de barrages courts et élevés, ce système se fonde au contraire sur des barrages extrêmement bas, je dirai même aussi peu hauts que possible, mais d'une grande longueur. Une condition de rigueur, c'est l'horizontalité parfaite de la crête de l'ouvrage.

On voit de suite que la retenue par ce système, au lieu d'être produite par la diminution de pente, l'est par l'élargissement considérable de la section; or, nous savons que c'est une condition plus efficace du ralentissement de la vitesse et dès lors d'un dépôt plus énergique.

M. Cézanne fonde sa critique sur cette considération que ce barrage, comme tous les autres, n'aura qu'une action limitée, puisque dès que l'atterrissement d'amont aura pris la pente-limite, l'ouvrage cessera de fonctionner, et qu'il n'y aurait, dit-il, rien de changé dans la situation. C'est là, je crois, une appréciation inexacte des faits, et pour s'en rendre compte, examinons ce qui se passe lorsqu'un obstacle de ce genre est subitement offert à l'action du torrent.

La crête de l'ouvrage étant horizontale et supposée inattaquable, le courant, au moment de la crue, subit un extrême élargissement de section, et par suite un tel affaiblissement que le dépôt des matières est forcé. L'atterrissement atteint rapidement la hauteur de la crête, surtout si elle est très-basse; le ralentissement se propage vers l'amont, à mesure que le dépôt s'élève, et engendre une convexité dans le profil en long qui s'accentue de plus en plus.

Le courant est forcé de se diviser en plusieurs branches qui vont successivement tâter tous les points de la crête, cherchant un point faible susceptible d'être affouillé. Si le barrage n'a qu'une longueur moyenne, on voit, à la fin, le courant, divisé en deux branches principales, s'échapper par les deux extrémités du barrage, laissant entre elles, à sec, un cône fortement bombé en long et en travers.

Ce qui donne la plus grande force au torrent, c'est la faculté, tantôt de se disperser et de déposer, tantôt, concentrant toute son action sur un point, d'affouiller avec énergie dans un seul chenal.

Du moment où une portion du cône est rendue inaffouillable, serait-ce même par un simple seuil au niveau des graviers, la situation est radicalement modifiée au profit de l'action colmatante et au détriment de la puissance d'affouillement et d'entraînement.

Le profil de la pente-limite est profondément modifié, ce que n'a pas compris M. Cézanne. Ce profil se roidit considérablement et passe même de la concavité à la convexité. Par là, le dépôt s'élève forcément.

Indépendamment de ce premier avantage, il en est un autre qui fait de l'ouvrage de M. Scipion Gras le plus formidable agent de retenue qu'on puisse imaginer.

Après que la pente-limite est atteinte, le barrage ne cesse pas pour cela de fonctionner. L'atterrissement est soumis à un remaniement incessant. La puissance d'affouillement et d'entraînement emporte tous les matériaux correspondant à la vitesse que conserve le torrent sur la crête et leur substitue les matériaux plus volumineux, de sorte que les cailloux au-dessus d'une certaine dimension sont tous retenus, ce qui modifie heureusement en aval les conditions du torrent. Ceci n'a pas besoin de plus amples explications.

Un barrage de cette nature ne cesse d'être utile que s'il vient à disparaître complétement enseveli sous le dépôt, et encore faut-il qu'il soit enterré à une profondeur telle que le torrent ne puisse l'atteindre dans son action affouillante, car, chaque fois qu'il arrêterait cette action, il produirait encore un certain effet quoique affaibli.

Ce qui avait jeté de la défaveur sur l'idée, c'est que l'expérience tentée par M. Scipion Gras sur un grand torrent avait échoué par un vice de construction. Son barrage, formé de gros blocs enchaînés les uns aux autres, a péri. Il est très-fâcheux que la tentative n'ait point réussi; elle aurait eu plus de succès si on s'était borné à employer un assemblage de bois, de pierres et de fascinages.

L'idée dominante chez M. Scipion Gras, c'est, indépendamment de la retenue des matières, la régularisation de leur écoulement.

Pour mieux atteindre ce but, il a imaginé un autre système qui mérite d'être connu.

LABYRINTHE DE RETENUE.

Le fond de l'idée, c'est simplement un barrage insubmersible avec un pertuis à sa base, dans une gorge étroite. A faible distance en amont du barrage et en face du pertuis, est établi un massif inébranlable triangulaire destiné à briser le courant en deux branches. Voilà le labyrinthe simple. Si on échelonne deux ou plusieurs systèmes de ce genre, on a un labyrinthe complet.

Ces obstacles, opposés à l'écoulement des matières, le retardent sans l'empêcher, et de là naît une régularisation utile dans leur marche.

J'ignore si ce système a jamais été expérimenté; tel qu'il est présenté, il ne paraît pas susceptible de produire des résultats sérieux, mais il renferme une idée utile qu'il importe de retenir.

Si on supprime le massif triangulaire et le double système, il n'y a plus de labyrinthe, il est vrai, mais ce qui reste, le barrage à pertuis peut rendre de grands services pour la régularisation de l'écoulement de l'eau et même des matières.

Supposons en effet un tel ouvrage non plus insubmersible, mais submersible; supposons que les dimensions du pertuis soient calculées de manière à ne laisser passage qu'à une crue moyenne. Au-delà de cette mesure, le niveau de l'eau s'élèvera derrière le barrage ou s'abaissera suivant le débit, lequel sera influencé par la pression hydrostatique; l'eau pourra déverser par-dessus le barrage, et il y aura une puissance de régularisation énorme si le pertuis est bien calculé.

Dans le cours de nos travaux, j'ai eu occasion de juger par expérience de cet effet qui est réellement considérable.

L'écoulement des graviers est aussi régularisé avec efficacité. Pour cela, il est bon que le pertuis soit placé sur le côté du barrage et non au milieu.

Lorsque la crue augmente et que le niveau de l'eau monte derrière le barrage, il se forme un lac qui ralentit la vitesse du courant. Les gros matériaux s'arrêtent; un amas de graviers se forme, et, lorsque le niveau s'abaisse et que le courant trouve une issue suffisante dans le pertuis, la vitesse s'accélère et les matières sont chassées.

Je crois qu'on pourrait retirer de grands avantages des barrages à pertuis, pour la régularisation de l'écoulement, soit de l'eau, soit des matières.

Il me semble que cette revue rétrospective des divers systèmes de barrages n'aura pas été inutile, même pour mieux saisir l'emploi que nous en avons fait.

BARRAGES DE CONSOLIDATION.

L'idée de demander aux barrages non plus la retenue des matières en marche, mais la consolidation des terrains d'où elles proviennent, était rationnelle. En tarissant la source de production de ces matières, en mettant à l'abri de toute cause de destruction les berges qui les fournissent, on coupait le mal dans sa racine. La chose était-elle possible et pratique ?

On peut répondre tout d'abord qu'un pareil système, isolé, réduit aux seules ressources de l'art, sans le complément du boisement et du gazonnement, serait une entreprise chimérique ; mais, combiné avec l'action de la végétation, il devient le perfectionnement obligé de tout projet d'extinction sérieux.

Les règles qui doivent présider à la construction

de ces ouvrages se déduisent d'un petit nombre d'idées élémentaires qu'il est nécessaire de préciser.

1° Tout d'abord, il faut comprendre que ce n'est pas le barrage lui-même, par sa propre résistance, qui doit consolider le terrain et supporter l'effort. C'est par l'atterrissement qu'il provoque qu'il doit exercer son action. Il faut donc que cet atterrissement soit assez puissant en hauteur pour servir de point d'appui aux berges et leur permettre de prendre un talus stable.

2° Il est nécessaire que l'atterrissement ne soit pas terreux et pouvant exercer une poussée contre le barrage, mais qu'il soit formé de matériaux de toute nature, pierres, graviers et sables cimentés par des limons : le tout formant un béton naturel ou poudingue susceptible d'acquérir une grande dureté.

On atteint ce but en construisant le barrage en pierres sèches, par conséquent très-perméable, ou, si l'on est obligé de le maçonner avec du mortier, il faut laisser des ouvertures en nombre suffisant.

La masse du dépôt est par là d'abord formée de matériaux grossiers, laissant entre eux des vides nombreux que vient plus tard garnir le ciment argilo-sableux. Le tout devient promptement une roche très-dure faisant corps avec le barrage, lequel est lui-même bétonné intérieurement. Il ne sert plus en quelque sorte que de parement, sans avoir aucun effort à supporter.

La construction à pierre sèche, réalisant mieux cette condition, doit donc être préférée; elle offre encore d'autres avantages. Dès qu'un barrage est achevé, l'eau, filtrant comme à travers un crible, perd sa force; le bassin se remplit progressivement de pierrailles. A mesure que le niveau s'élève, l'eau déverse de plus en plus par-dessus le barrage, et enfin la cascade entière n'est formée que lorsque l'atterrissement rase la crête du barrage.

La maçonnerie à mortier étant pleine et ne livrant pas passage à l'eau, si on n'avait pas le soin de laisser des ouvertures, on pourrait avoir à craindre de graves accidents résultant des infiltrations, soit dans les berges, soit à travers la maçonnerie encore fraîche. Nous avons pu expérimenter ce fait sur un grand barrage construit dans le torrent de Vachères. Le pertuis, laissé par précaution, avait été bouché prématurément par un agent inexpérimenté. Un lac profond de 8 mètres s'était formé derrière le barrage. L'eau filtrait de toute part par les berges et à travers la maçonnerie. Si cela avait continué longtemps, l'ouvrage aurait été gravement compromis. On fit aussitôt déboucher le pertuis, toutes les infiltrations cessèrent instantanément. Le pertuis ne fut fermé que graduellement, à mesure que l'atterrissement s'élevait; dès qu'il fut complet, l'eau déversant en totalité par-dessus le barrage, tout danger avait disparu.

Du même coup, au lieu d'un atterrissement boueux qu'on aurait eu si la retenue avait été totale, il s'est produit un poudingue qui n'est pas moins dur et compacte que la maçonnerie du barrage.

Je ne crois pas avoir besoin de m'appesantir sur la forme de l'atterrissement; lorsqu'il s'élève au-dessus de la crête du barrage, il prend une pente qui va en croissant jusqu'à la pente-limite correspondant à celle des plus gros cailloux déposés. Pendant cette croissance de la pente, un triage s'effectue, toutes les matières d'une résistance à l'entraînement inférieure à celle de la pente obtenue franchissent le barrage.

Les principes que j'ai posés au sujet des barrages de retenue trouvent ici leur application. La forme du couronnement du barrage exerce une action sur celle du dépôt. Le couronnement ne peut pas être horizontal, puisque le courant serait rejeté violemment sur les berges. Il faut donc que la crête du barrage soit creusée en cuvette, de manière à offrir un débouché suffisant aux plus grandes crues. C'est là une condition de sûreté pour l'ouvrage; mais on doit tendre toujours à aplatir le plus possible le fond de la cuvette.

Plus la nappe d'eau qui franchit le barrage sera élargie, plus elle perdra de sa vitesse. Il faut donc, soit en choisissant un emplacement offrant une largeur suffisante, soit en élevant convenablement le barrage, présenter au courant un élargissement de section tel que sa vitesse soit réduite aux plus faibles limites.

Le déversement se fera dès lors sans danger, soit pour la crête du barrage, soit pour le radier qui supporte le choc de la chute.

La détermination des dimensions et de la forme de la cuvette a donc une importance capitale.

En plan, le barrage doit offrir une courbure dont la convexité est tournée vers l'amont; mais cette convexité doit être faiblement accentuée, à cause des pressions latérales exercées par les berges, auxquelles un barrage droit résiste mieux.

Des ouvrages destinés à être opposés à des poussées considérables doivent surtout résister par leur grande masse. Il faut donc leur donner une grande épaisseur. Dans la pratique, nous avons admis, comme règle générale, que la limite supérieure de l'épaisseur doit être, au couronnement, de moitié de la hauteur, ce qui suppose, suivant le fruit adopté, une épaisseur très-considérable dans les fondations.

Ce qui coûte le plus dans ces constructions, c'est la face du mur d'aval qui est appareillée, le dallage du couronnement et le radier. Tout l'intérieur est fait de la manière la plus grossière. On peut donc, par une augmentation de dépense relativement faible, donner l'épaisseur et la hauteur désirées.

Je m'abstiendrai pour le moment de m'étendre davantage sur les règles de construction des barrages, je me suis borné à indiquer les principes qui doivent diriger les constructeurs.

Il n'est pas facile d'ailleurs de donner des règles pour des cas qui peuvent varier à l'infini. Ce qu'il faut connaître, c'est de quelle manière un barrage peut périr.

Généralement on est porté à croire qu'un barrage peut être assailli par de gros blocs lancés comme des projectiles par le courant. C'est là une erreur. Dès qu'un barrage neuf et non encore atterri a seulement une hauteur de 3 à 4 mètres, si une crue survient et que toute l'eau ne puisse trouver une issue facile à travers le barrage, un lac se forme en amont; la vitesse du courant est considérablement affaiblie, et les gros matériaux s'arrêtent à une assez grande distance du barrage. Cet effet était tel, lorsque le grand barrage de Vachères se remplissait, que ma préoccupation se portait sur les moyens à employer pour faire arriver jusqu'au barrage au moins les gros graviers. Le ralentissement était tel que tous les matériaux un peu forts se déposaient trop en amont. Il faut donc bannir cette crainte que les praticiens expérimentés ne connaissent pas. Les précautions que croient devoir prendre certains constructeurs, en vue de ces chocs présumés, sont donc inutiles.

Lorsqu'un barrage est construit d'après les données rationnelles, et que le déversement s'opère lentement en une nappe très-aplatie, les seuls dangers à courir sont les suivants:

1° L'ouvrage peut périr par un affouillement au pied de la chute. Il faut donc que le radier, formé de gros blocs, et au besoin de gros bois, présente une masse inébranlable.

2° L'ouvrage peut être tourné par des affouillements dans les berges où il est enraciné. Il faut donc d'abord que la cuvette offre un débouché suffisant, puis y maintenir le courant, si c'est nécessaire, par de petits éperons protégeant les berges, ou tout autre moyen suivant les cas.

Là où un barrage isolé ne résisterait pas, un système de barrages échelonnés, combiné de telle sorte qu'ils se protégent les uns les autres, réussira parfaitement.

Ce qui met en danger les radiers, ce n'est pas tant le choc qu'ils reçoivent que la vitesse que prend le courant après la chute, si elle est capable d'entraîner les blocs du radier. Or, avec un système de barrages convenablement espacés, l'action de la vitesse est paralysée, et il devient facile de maîtriser la situation.

Il faut distinguer, entre les barrages, ceux qui n'ont qu'un caractère provisoire, en vue seulement de faciliter l'installation du boisement, après quoi ils deviendront inutiles, de ceux qui ont un caractère permanent.

Pour les premiers, on peut employer le bois, puisqu'on ne leur demande qu'une durée limitée. Quant aux autres, si on employait le bois dans leur construction, on créerait un grand danger pour l'avenir. Le bois pourrit, et il arriverait un moment où l'amas de matières qu'on aurait retenu partirait à la fois.

Le bois, sous toutes ses formes, surtout comme fascinages, rend de grands services pour tous les clayonnages et les petits barrages qu'il est nécessaire de construire dans les ravins. Dans les grandes gorges, il faut employer la pierre et tendre à donner à la construction le caractère d'une durée indéfinie, par l'emploi de gros matériaux que le lit des torrents fournit généralement en abondance.

Le choix des emplacements des barrages est influencé par diverses considérations ; la première est celle de la solidité du barrage lui-même, en tenant compte des règles indiquées, de la question de dépense et des matériaux disponibles. La seconde, c'est l'effet à produire pour la consolidation des berges et des autres barrages. Toute idée de retenue des matières doit être rejetée. On ne doit s'attacher exclusivement qu'à l'idée de consolidation.

Dès que par le fait d'un barrage le fond des gorges non-seulement ne peut plus être affouillé, mais qu'il se trouve même relevé de plusieurs mètres par l'atterrissement, les berges latérales tendent à prendre un talus stable. On peut aider au travail de la nature par des écrètements et des démolitions qui donnent immédiatement à la berge sa pente d'équilibre. On peut dès lors la boiser et achever sa consolidation.

Il se présente souvent un cas grave, c'est lorsqu'un versant est soumis à un mouvement général de glissement. Presque toujours ces mouvements du sol sont dus à des infiltrations d'eau qui désagrégent la masse et la font glisser. Il est évident dès lors qu'il faut combattre la cause par tous les moyens possibles, soit en dérivant les eaux à la partie supérieure si on peut les capter, soit par un drainage énergique. Cela fait, si le mouvement est en même temps provoqué par l'affouillement du torrent au bas du versant, il faut recourir à des ouvrages de consolidation.

Dans ce cas particulier, il faut procéder de bas en haut. Le glissement n'affectant jamais qu'une certaine longueur de rive, on commence par établir un barrage à l'aval, sur un point fixe ne subissant pas l'influence du glissement. On ne doit rien négliger pour assurer la solidité de ce premier échelon qui va devenir la clef de tout le système; il faut spécialement l'asseoir sur un point où la pente est devenue faible.

Quand ce premier barrage a produit son effet, on en construit un second plus haut, à faible distance, afin que l'atterrissement du barrage inférieur atteigne le radier du barrage supérieur.

La hauteur de chaque atterrissement doit être telle qu'il puisse exercer une action efficace.

Le mouvement ne s'arrête pas subitement, il va en s'affaiblissant, le sol éprouve encore quelques secousses avant de s'asseoir définitivement.

Règle générale, quand il s'agit de consolider un terrain exerçant une forte poussée, il faut se garder de placer le mur de soutènement trop près. On doit agir à distance, de manière que ce ne soit pas le barrage qui ait à supporter l'effort, mais seulement l'atterrissement qu'il aura provoqué. Si cet atterrissement s'est formé d'après les règles indiquées, c'est-à-dire s'il est devenu un poudingue très-dur, la poussée de la berge ne se transmettra pas au mur.

On peut résumer de la manière suivante les idées et les principes qui doivent présider à l'établissement des barrages et de tous les ouvrages de consolidation grands ou petits.

La gravité du mal gisant tout entière dans l'excessif développement que prend la puissance d'érosion et par suite le ravinement, il faut le combattre par la force opposée, c'est-à-dire l'action colmatante, en ralentissant efficacement la vitesse non-seulement dans tous les thalwegs, mais sur les versants.

Partout où les eaux ont creusé une excavation, il faut la combler, et en cela le torrent lui-même intervient, agissant comme un ouvrier docile. A-t-on besoin sur un point quelconque d'un remblai quelque considérable qu'il soit? En élevant un barrage sur un emplacement convenablement choisi, le torrent l'exécutera géométriquement, et on peut calculer d'avance la forme et tous les profils qu'aura ce remblai.

Le grand barrage de Vachères, dont j'ai parlé, a produit un atterrissement de plus de 20,000 mètres cubes qui consolide toute une montagne. Par là, le torrent lui-même travaille à réparer le mal qu'il avait fait. L'esprit général de l'opération d'ailleurs consiste à mettre en action les grandes forces de la nature. Il serait insensé de vouloir lutter contre des forces formidables avec les faibles moyens de l'art ; mais, en maniant avec habileté et d'après la science les forces naturelles, en opposant la nature à elle-même, l'homme règne sur les éléments.

DES DÉRIVATIONS.

Souvent, au lieu de consolider les berges d'une gorge par un système de barrages échelonnés, lorsque l'opération offre des difficultés en raison de la profondeur de la gorge et de l'instabilité des berges, il y a avantage, si les lieux le permettent, à dériver le cours du torrent en le dirigeant vers un thalweg inaffouillable soit naturel soit artificiel. On opère par là une cure radicale, puisque l'on met complétement à l'abri de toute érosion les terrains qu'on veut protéger.

Nous avons appliqué ce système dans deux cas différents que je crois devoir rapporter comme exemples de la stratégie d'un plan d'extinction.

Le petit torrent de Palps, sur la commune de Rizoul (Hautes-Alpes), avait, malgré l'exiguïté de son bassin, un vaste lit de déjection envahissant dans la plaine les routes et les propriétés.

En étudiant avec soin ce bassin, nous reconnûmes que le torrent, qui coulait autrefois dans un lit rocheux, avait été barré par un éboulement de rochers depuis un temps immémorial, et, s'échappant par une brèche, s'était créé un nouveau lit dans des terres meubles où il affouillait avec une énergie extrême, sans que rien pût faire prévoir jusqu'à quelle profondeur il pourrait creuser. Les berges déjà très-élevées s'effondraient tout autour à mesure que le gouffre s'approfondissait. A chaque crue, le torrent entraînait des masses de décombres.

Fallait-il laisser le torrent à sa place, en consolidant les berges par un système de barrages échelonnés, ou bien n'était-il pas préférable, en le remettant dans son ancien lit, de couper le mal dans sa racine ? Nous prîmes le dernier parti. L'ancien chenal fut déblayé des gros blocs qui le barraient; une digue de 80 mètres de longueur ferma la brèche par où les eaux s'étaient échappées, et le torrent coule désormais sur des rochers où il produit de belles cascades. Le bassin put dès lors être boisé sans obstacle, et l'extinction est complète.

M. Gentil, ingénieur en chef des ponts et chaussées, a constaté, dans un rapport officiel, qu'à la suite de ces travaux, ce torrent s'était éteint au point qu'un projet d'endiguement, destiné à protéger la route et évalué à 30,000 francs, était devenu complétement inutile, et qu'un simple aqueduc coûtant 300 francs suffisait désormais à contenir les eaux.

On n'a pas toujours à sa disposition un lit rocheux pour y rejeter les eaux ; mais, dans certains cas, il peut y avoir avantage à créer artificiellement un lit inaffouillable pour opérer la dérivation. C'est ce que nous avons fait pour le grand torrent de Vachères, dans l'exemple que je vais rapporter très-sommairement.

Le torrent de Vachères est un des plus grands torrents des Alpes ; l'étendue de son bassin est de plus de 6,000 hectares. Le cône de déjection, depuis son sommet jusqu'au bord de la Durance, a une longueur de 5 kilomètres environ. Les crues de ce torrent sont formidables et durent souvent plus de quinze jours en roulant des blocs énormes.

Je n'entreprendrai pas de décrire tout le plan des travaux d'extinction, ce serait trop long. On a employé successivement le boisement, le gazonnement et les ouvrages d'art. Je me borne, pour le moment, à signaler une dérivation importante qui a été couronnée d'un plein succès.

A B C est un affluent de la rive droite, appelé la Grand-Combe, descendant d'une haute montagne et coulant dans une gorge formée de marnes noires et de tufs friables, atteignant sur certains points 80 mètres de profondeur. Les berges, en s'écroulant, donnaient lieu à des débâcles nombreuses et formidables. Toute la montagne à l'entour en était ébranlée ; à une grande distance, les habitations étaient lézardées. Le sol porte partout les traces visibles d'un travail continu d'affaissement et de glissement.

On peut évaluer au minimum les matières produites par cet affluent aux sept dixièmes de la masse totale des matières charriées par le torrent. C'est surtout de B en C que la gorge a le plus de profondeur, et c'est de là que provenait la majeure partie de l'argile plastique, cause de la viscosité et de la plus grande perturbation torrentielle.

Impossible de boiser ces berges sans les consolider préalablement.

L'établissement d'un système de barrages échelonnés présentait les plus grandes difficultés.

Au point B, le cours de la Grand-Combe se rapproche de celui du torrent principal, dont il n'est séparé que d'une vingtaine de mètres seulement.

L'idée de couper ce petit espace et de jeter sur ce point l'affluent dans le torrent venait naturellement à l'esprit. C'était indiqué. Par là, on mettait complétement à l'abri toute la gorge en aval de B. La coupure n'offrait aucune difficulté, mais un autre danger se présentait.

Le torrent principal affouillait énergiquement à son tour le haut versant de la rive gauche, dont la stabilité était gravement compromise. Si on y ajoutait les eaux de la Grand-Combe, on allait nécessairement augmenter le mal sur la rive gauche pour sauver la rive droite. Les populations établies sur la rive gauche, plus menacées, ne manqueraient pas de soulever des réclamations énergiques et fondées. Il fallait donc trouver le moyen de protéger les deux rives. Voici quel a été le projet qui a été adopté et qui est aujourd'hui complétement exécuté (planche 3).

Au point B, un barrage dans la Grand-Combe

coupe ce torrent et le jette dans le torrent principal par un chenal D maçonné.

E est un fort barrage, dont l'atterrissement est destiné à consolider le chenal de la coupure.

La Grand-Combe tombe donc dans le lit de Vachères par une cascade de 7 mètres au point E.

Au point F, un barrage coupe tout le torrent, et le dirige dans un chenal artificiel de 300 mètres de longueur.

Ce nouveau lit est contenu entre une forte digue F G H et un contre-mur I J K.

Le fond de la cuvette, garni de gros blocs bétonnés, est inaffouillable.

L K M H représente un enrochement brut de blocs énormes destiné à recevoir la cascade.

N est un fort barrage, dont l'atterrissement consolide l'enrochement et tout le système. (C'est le grand barrage de Vachères, dont il a été parlé plus haut.)

Le torrent reprend son cours après avoir formé

au barrage N une cascade de 7 mètres, reçue par un radier inébranlable de 3 mètres d'épaisseur.

Dans la Grand-Combe, en amont du point B jusqu'en A, on a établi un système de petits barrages échelonnés.

Les berges principales, mises à l'abri de toute érosion, ne fournissent plus de matières ; les eaux clarifiées ne charrient plus que des menus graviers ; le régime du torrent s'est déjà radicalement modifié.

On s'en aperçoit sur le cône, par un développement extrême de la puissance d'affouillement qui travaille à creuser et à perfectionner le lit dans lequel le torrent se fixera définitivement, lorsque les travaux de boisement auront complété l'extinction.

On peut évaluer à 20,000 mètres cubes environ les matériaux qui sont entrés dans ces diverses constructions; ils ont été fournis par le lit du torrent ; la dépense a été de 174,000 francs.

On peut voir, par ces exemples, que l'opération d'extinction d'un torrent exige un plan d'ensemble, et en quelque sorte une stratégie particulière.

M. Cézanne l'a fort bien dit : c'est une lutte contre un ennemi redoutable. Il importe donc de préciser les idées à ce point de vue.

§ 5. Plan d'extinction.

Tout d'abord il faut se rendre compte du régime du torrent et de son degré de torrentialité, juger quelle est dans les crues et les débordements la part à faire au débit, et celle qui revient à la perturbation.

Il n'est pas nécessaire pour cela d'être témoin des crues ; les traces infaillibles qu'elles laissent révèlent à un œil exercé, avec la plus grande précision, leur nature et leur intensité.

Il faut, en second lieu, se rendre compte des intérêts engagés dans le projet. Si le danger qu'on veut conjurer est grave, si l'on veut promptement mettre à l'abri des habitations, des cultures, des routes, ou exercer une action sur un grand cours d'eau dont le torrent est tributaire, on devra avoir recours à toute la puissance des procédés d'extinction. Si, au contraire, il n'y a pas une urgence constatée, si on peut sans inconvénient mettre plus de temps à terminer l'opération, on pourra faire une plus large part à l'action lente de la nature.

Lorsque la torrentialité est faible, et que le mal gît principalement dans l'excès du débit, c'est par le boisement et la végétation en général qu'il faut agir. Si, au contraire, la torrentialité est extrême, si les dévastations du torrent proviennent principalement d'une perturbation, c'est surtout celle-ci qu'il faut viser, en faisant une plus large part aux ouvrages de consolidation.

Les travaux de reboisement et de gazonnement, pour être efficaces, doivent s'étendre sur de grandes surfaces. Les travaux de consolidation artificielle, au contraire, peuvent le plus souvent être concentrés sur un petit espace. On étouffe en quelque sorte le mal en l'attaquant dans son foyer principal.

Au début de nos travaux, après avoir constaté l'influence exercée par les matériaux charriés, nous n'attachions d'importance réelle qu'aux pierres et aux graviers; en un mot, aux matières solides. Les argiles et les limons dissous, ou tenus en suspension dans l'eau, ne nous paraissaient pas mériter qu'on s'en occupât beaucoup, puisqu'ils étaient si facilement entraînés. Nous pensions dès lors qu'il n'y avait point un intérêt majeur à consolider par de grands travaux les berges marneuses et infertiles.

Nous avons radicalement changé d'avis dès que

l'action de la viscosité nous a été révélée. A nos yeux, elle est énorme; elle est l'agent le plus puissant de la torrentialité.

Il peut arriver aussi, dans certains cas, qu'on ne puisse pas donner au boisement toute l'extension nécessaire, à cause des intérêts agricoles et pastoraux dont il faut tenir compte.

Il résulte de ces considérations générales qu'on ne peut pas arrêter des règles invariables d'extinction s'appliquant à tous les cas.

Ce qui peut paraître singulier, c'est que ce sont les torrents les plus torrentiels qui sont les plus faciles à éteindre. En effet, leurs désordres étant dus principalement à un foyer de perturbation généralement assez circonscrit, le mal étant en quelque sorte localisé, on peut l'atteindre plus facilement et le maîtriser. Avec la cause de perturbation cessent tous les désordres. Le torrent est en quelque sorte foudroyé, à la grande stupéfaction du public et des habitants qui, depuis des siècles, s'épuisaient en efforts impuissants pour se défendre.

Lorsqu'on n'est pas pressé d'agir, il est préférable d'employer d'abord la végétation. Par la mise en défends, le travail spontané de la nature exerce sur le sol l'influence la plus favorable. On boise toutes les pentes où on n'a pas à craindre d'éboulements et où le travail de la nature serait impuissant. Insensiblement le débit diminue, l'eau, perdant de sa masse et de sa vitesse, n'a plus la même puissance d'affouillement, les berges sont moins attaquées, et lorsqu'on juge que le torrent est suffisamment affaibli, on peut alors, si on le croit nécessaire, avec plus de facilité et moins de dépenses, établir dans les gorges les ouvrages de consolidation jugés utiles.

Ce système est plus sûr, plus économique, mais plus lent.

A la végétation on associe, sur les versants et dans les petits ravins, une multitude de petits ouvrages de consolidation dont il est facile de se rendre compte, puisque le but à atteindre reste toujours le même : savoir la consolidation par le ralentissement de la vitesse de l'eau, et la substitution du colmatage à l'affouillement.

Le moment où les ouvrages de consolidation dans les gorges peuvent être entrepris reste donc subordonné au degré d'urgence de l'extinction, et à des considérations administratives dont l'autorité supérieure est juge.

Je me place ici au seul point de vue technique, et je crois avoir établi que le système d'extinction, fondé sur l'action de la végétation combinée avec des ouvrages d'art, résoud le problème d'une manière complète.

L'expérience a sanctionné ces prévisions et ces données de la science.

Nous avons appliqué le système dans toute sa puissance à un grand nombre des plus violents torrents des Alpes, et le résultat a toujours répondu aux espérances.

Le succès des travaux entrepris dans les torrents par les forestiers est un fait qui n'est plus contesté.

M. Cézanne l'a constaté avec son incontestable autorité.

Le torrent de Sainte-Marthe, près d'Embrun, par exemple, dont nous donnons une vue et dont les profils du cône de déjection sont rapportés à la planche première, offre un spécimen remarquable, entre beaucoup d'autres, de la puissance de nos procédés d'extinction.

En 1841, lorsque M. Surell écrivait son livre

appelé à un si grand retentissement, ce torrent avait une triste célébrité par sa violence. Il empor-

Vue du torrent de Sainte-Marthe, près d'Embrun.

tait tous les ponts jetés sur son cours ; à chaque orage, les riverains, inquiets, craignaient de lui voir rompre ses digues et envahir la plaine.

Les travaux d'extinction n'ont commencé qu'en

1864 et en 1869. Lorsque M. Cézanne, avant de publier son livre, me procura l'honneur et la satisfaction de lui montrer et de lui expliquer nos travaux, il constata que l'extinction était déjà si complète, qu'une simple passerelle, posée à 50 centimètres seulement au-dessus du torrent devenu ruisseau, défiait les plus fortes crues. Cette passerelle existe encore à la même place où l'a vue M. Cézanne. Certes, les orages violents n'ont pas manqué depuis cette époque, les conditions météorologiques n'ont pas changé. L'effet de l'extinction de la torrentialité est donc acquis et certain, à ce point que le syndicat organisé par les propriétaires intéressés pour la défense, n'ayant plus raison d'être, s'est dissous.

Il y aurait lieu de consacrer un chapitre à la description de tous les procédés d'extinction, soit pour les travaux de silviculture, soit pour les ouvrages de consolidation de toute nature, depuis le plus faible clayonnage jusqu'au plus grand barrage en maçonnerie; mais je crois préférable de renvoyer à un traité spécial tout ce qui concerne la question d'art, laquelle intéresse plus particulièrement les praticiens.

Il me paraît plus intéressant de ne pas interrompre l'étude du phénomène torrentiel, en le suivant dans son action sur les grands cours d'eau et dans toutes ses manifestations.

QUATRIEME PARTIE

GRANDS COURS D'EAU

POSITION DE LA QUESTION

La question des torrents proprement dits est vidée. C'est un grand pas de fait. Désormais, avec un vigoureux effort, on pourra protéger les pays de montagnes, prévenir des désastres incalculables et rendre la sécurité à des intérêts de premier ordre.

Les pays de montagnes, trop dédaignés, jouent un rôle beaucoup plus important qu'on ne s'imagine généralement dans l'économie publique. Momentanément un peu effacés, ils sont appelés, par suite du développement des voies ferrées qui viennent enfin leur rendre la vie, à prendre une importance de plus en plus grande.

L'extinction des torrents est donc par elle-même une cause digne de la plus grande sollicitude.

Mais il est un autre problème plus grave encore, intimement lié à celui des torrents et qui le domine, c'est celui du régime des grands cours d'eau.

La loi de 1860 sur le reboisement des montagnes est née, on ne saurait en douter, de l'émotion causée par les grandes inondations de 1856. Il est donc nécessaire de savoir dans quelle mesure il pourrait être possible de parer à ces catastrophes qui viennent périodiquement jeter la désolation dans le pays.

Je conviens que l'étude des grands cours d'eau rentre dans les attributions des ingénieurs.

La démarcation entre le service des ponts et chaussées et celui des forêts est nettement tranchée. Au premier appartiennent tous les travaux de défense dans les vallées, au second tous les travaux préventifs dans les montagnes. Le cône de déjection des torrents fait lui-même naturellement partie du service des ingénieurs, puisqu'à l'aval de l'issue de la grande gorge des torrents il n'y a plus à faire que des travaux ayant un caractère de protection pour les rives. Il existe donc un point fixe nettement marqué, qui sépare les deux services, c'est l'extrémité inférieure de la grande gorge. Au-dessus de ce point, tous les travaux d'extinction dans les replis du bassin sont exclusivement du ressort des forestiers.

Si, au point de vue administratif, les attributions et les responsabilités sont nettement définies, au point de vue scientifique il existe une telle connexité entre toutes les parties d'un cours d'eau, depuis sa source la plus élevée jusqu'à son embouchure, qu'on m'excusera, si je me permets de faire part à nos collaborateurs, dans une œuvre qui au fond nous est commune, de quelques réflexions qui me paraissent utiles, et qui m'ont été révélées par une expérience déjà longue. D'ailleurs ne faut-il pas que nous sachions ce que réclame le régime des grands cours d'eau, pour que les travaux dans la montagne répondent aux nécessités de la situation?

Voici tout d'abord le fond de ma pensée :

Je crois que si l'hydrologie a fait si peu de progrès, si la science des cours d'eau est encore si peu avancée, c'est qu'on n'avait pas aperçu la perturbation torrentielle qui se manifeste là aussi bien que dans les torrents, et peut-être avec plus d'intensité.

Toutes les études, tous les calculs, toutes les recherches prennent pour point de départ les variations dans le débit; mais jamais, que je sache, on n'avait admis l'idée de l'existence d'une perturbation dans l'écoulement, d'un renversement des lois hydrauliques, en un mot d'un état révolutionnaire s'emparant du cours d'eau, et engendrant une instabilité telle, qu'elle déjoue toutes les prévisions et toutes les mesures de précaution.

Le seul énoncé de cette proposition en révèle la haute importance.

Je diviserai donc cette étude en deux chapitres.

Le premier traitera du phénomène torrentiel dans les grands cours d'eau.

Dans le deuxième, je discuterai la possibilité de combattre les grandes inondations.

§ 1. Le phénomène torrentiel dans les grands cours d'eau.

La théorie aussi bien que les faits les plus concluants attestent l'existence de l'influence perturbatrice dans tous les cours d'eau qui n'ont pas atteint une tranquillité absolue.

Quel est le véritable caractère de la torrentialité ? C'est le courant de matière.

Ce qui constitue le courant de matière, c'est une grande abondance de matériaux animés d'une vitesse sensiblement commune sous l'influence de la viscosité du liquide.

Or, la vitesse commune étant d'autant plus facilement atteinte que les corps entraînés diffèrent moins entre eux de volume et que la vitesse est moindre, il en résulte que ces conditions se réalisent plus facilement dans les grands cours d'eau que dans les torrents, et d'autant plus facilement qu'on se rapproche de l'embouchure, à mesure que la pente diminue et que les matières charriées deviennent plus faibles.

Dans un torrent soumis aux plus grandes divagations, sur un lit indéterminé, le courant de matière se forme et se brise à chaque instant. Dans un grand cours d'eau, au contraire, contenu entre deux rives, il se maintiendra plus longtemps et produira des effets plus prolongés.

Le seul avantage que les grands cours d'eau possèdent sur les torrents sous ce rapport, c'est la plus grande masse de l'eau et sa moindre viscosité, mais cet avantage est souvent loin de compenser les influences contraires, et, en résumé, le courant de matière se produit et surtout se maintient dans certains cours d'eau avec non moins de facilité que dans les torrents.

Les faits confirment pleinement ces données théoriques.

Lorsqu'on sonde les bancs de graviers et les dépôts laissés par les crues extraordinaires, on constate à l'intérieur le mélange détritique de matériaux de toute grosseur qui caractérise le transport en masse. A la surface, on ne voit souvent que des galets au-dessus d'une certaine dimension, par suite des effets du triage. Tous les matériaux d'une résistance à l'entraînement inférieure à la puissance du courant qui a lavé la surface, sont partis. Ceux d'une résistance supérieure sont seuls restés en place. Mais cet effet est purement superficiel, on doit s'en méfier, l'intérieur du dépôt est chaotique et prouve l'existence du courant de matière.

Le lit d'un torrent sur lequel on peut suivre de l'œil, au moment d'une grande crue, toutes les actions et réactions de la perturbation torrentielle, est l'image parfaite de ce qui se passe au fond d'un cours d'eau au moment d'une crue excessive, et qui est alors dérobé au regard par la profondeur de l'eau.

Les causes sont dissimulées, mais elles se traduisent à la surface par des effets d'une extrême instabilité. Des bancs de graviers surgissent inopinément, d'autres disparaissent. Les plus grandes inégalités de vitesse se manifestent dans la masse. On voit des courants se former et se déplacer avec une extrême mobilité. Les plus rapides, au lieu de tendre vers le milieu du fleuve, se dirigent et se fixent le long des rives, lesquelles sont exposées par là à l'action érosive.

Enfin, signe infaillible de l'influence perturbatrice, l'action soulevante se manifeste par un bombement de la surface de l'eau.

Tous ces faits, inexplicables par les lois hydrauliques normales, même en contradiction formelle avec elles, sont purement des effets de la torrentialité.

Au milieu des inégalités du fond du lit, le courant de matière tend toujours à suivre les lignes de plus grande pente. Dès qu'un ralentissement de vitesse se produit, soit par suite du développement du travail résistant, soit par un obstacle quelconque qui détermine un arrêt, immédiatement le dépôt se forme, la cavité se comble, le ralentissement se propage et s'accentue vers l'amont. La diminution dans la variation de la pente se propage dans le même sens, une protubérance se produit, et un banc de gravier apparaît.

Toutes les actions et réactions de la puissance d'affouillement et de la puissance colmatante que nous avons constatées dans les torrents, se manifestent. Le chenal principal se déplace sans cesse. Le courant de matière et le courant d'eau tendent à se séparer, en vertu des lois qui leur sont propres. On voit alors se produire ce fait éminemment caractéristique d'un haut degré de torrentialité : le courant le plus rapide s'établissant non au-dessus des bas-fonds, mais au-dessus des hauts-fonds, tendant à envahir les bancs de graviers et à atteindre les points culminants du sol, toujours par cette raison que la ligne de plus grande pente ne correspond plus à la plus grande vitesse, par l'effet d'un travail résistant plus considérable.

Nous avons vu qu'une des causes les plus actives de perturbation tient à ce que des pierres volumineuses parviennent accidentellement dans des régions inférieures, où la vitesse correspondant à la pente est de beaucoup inférieure à la vitesselimite d'entraînement de ces pierres. Cela se conçoit ; ces pierres s'arrêtent alors avec la plus grande facilité, et si elles sont en nombre considérable, elles ne peuvent que produire les plus grands désordres.

Trois circonstances peuvent amener ces pierres dans ces conditions anormales :

1° Par l'action du courant de matière qui entraîne dans une vitesse commune des pierres de toute dimension ;

2° Par l'érosion des rives mêmes du cours d'eau : les courants, se portant de préférence le long des rives, les attaquent, affouillent les anciens dépôts dont elles sont formées, et des pierres volumineuses, étant arrachées, tombent dans le courant ;

3° La troisième cause provient des affluents, lesquels, ayant presque toujours une pente supérieure à celle du cours d'eau, versent dans son sein des pierres d'un volume supérieur à la vitesse d'entraînement existant au confluent. Aussi c'est presque toujours vers ce point qu'on remarque les plus grands désordres au moment des crues.

Je demande la permission d'en citer un exemple :

En face et un peu en amont de la ville de Valence, le Rhône reçoit de la rive droite plusieurs petits torrents descendant des montagnes de l'Ardèche. Ces affluents, ayant une pente supérieure à celle du fleuve, dégorgent des galets assez volumineux pour résister à l'entraînement; ils s'étalent en forme de cône dans le lit même du fleuve, et rendent la navigation de plus en plus difficile.

Pour obvier à cet inconvénient, on a voulu produire une chasse sur ce point, au moyen d'une digue longitudinale qui s'avance au milieu du fleuve et le rétrécit. L'effet qu'on attendait s'est produit. Un chenal s'est creusé le long de la digue ; mais le mal n'a pas été conjuré, on l'a seulement déplacé et peut-être aggravé. En effet, à l'extrémité inférieure de la digue, la section reprend subitement toute la largeur du fleuve; un brusque ralentissement se produit, et, par suite, le dépôt de ces mêmes galets se trouve transporté à quelques centaines de mètres plus bas. Un véritable cône de déjection, ayant pour sommet l'extrémité de la digue, tend à se former au beau milieu du fleuve. La digue vient à peine d'être terminée, et déjà le cône est tellement prononcé, qu'au moment de l'étiage, on voit les eaux du Rhône dessiner nettement sa forme, en s'épanchant en nappe régulière sur cette surface bombée. Qu'arrivera-t-il par la suite? Sera-t-on forcé de prolonger la digue? Il ne m'appartient pas de le prévoir. J'ai voulu seulement citer un exemple du trouble causé par les matériaux charriés d'un volume supérieur.

Il n'y a qu'un remède sérieux et efficace, c'est d'empêcher par des travaux d'extinction ou de retenue dans les affluents que les gros galets n'arrivent au fleuve.

Un dernier et décisif argument à invoquer pour prouver l'action du phénomène torrentiel, c'est que la surface de tous les bancs de graviers est dressée exactement d'après la loi géométrique de la courbe torrentielle, sauf le cas où la figure a été altérée par des courants d'eau postérieurs au dépôt. La courbe est nécessairement plus aplatie, mais le type est invariable, il est visible à l'œil, on peut le vérifier.

La marche des graviers ne peut jamais être continue, elle est marquée par une série d'arrêts sur des places de dépôt déterminées.

Le travail résistant tend toujours à se mettre en équilibre avec le travail moteur; dès qu'un courant saturé de matières a parcouru un certain trajet, l'équilibre est atteint; il suffit alors de la moindre diminution de force motrice déterminée par un élargissement de section, une diminution de pente ou une inflexion du courant, pour provoquer le dépôt.

De sorte que les graviers progressent par une série d'efforts successifs d'une station à une autre.

Suivant le régime particulier de chaque cours d'eau, ces stations sont plus ou moins étendues et plus ou moins espacées.

Si la puissance motrice a une supériorité considérable sur le travail résistant, le trajet entre deux stations sera plus long. La station pourra être même seulement indiquée par ce qu'on appelle un *maigre* faiblement accentué. Si au contraire la charge du courant est très-forte relativement, les trajets seront plus courts et les lieux d'entrepôt plus multipliés.

Ordinairement c'est vers le point d'inflexion et un peu en aval que sont placés ces dépôts, qu'ils soient apparents ou dissimulés sous l'eau, sous le nom de maigres. Cela se comprend : si l'inflexion est la cause d'un ralentissement, le maximum de celui-ci n'est pas immédiatement atteint, et dès lors c'est un peu plus en aval que se manifeste le maximum de l'action soulevante.

On remarque aussi que, pour chaque cours d'eau, il finit par s'établir un ordre de choses fixe au milieu des remaniements incessants dus aux crues moyennes extrêmement variables, ordre de choses qui est essentiellement dû à l'action des crues maxima qu'on peut considérer comme continue et constante pour un cours d'eau donné.

Il existe donc une loi hydrologique générale qu'on ne saurait méconnaître, sans s'exposer aux plus graves inconvénients. Si, pour des travaux entrepris dans un but quelconque, on vient à supprimer une de ces stations nécessaires, en procurant sur ce point une accélération du courant, on peut bouleverser l'équilibre du cours d'eau.

C'est ce qui a fait dire à M. Cézanne : « Comment « voit-on sur un grand fleuve deux services d'in« génieurs indépendants, dont l'un chasse vers « l'aval les graviers de l'amont, tandis que l'autre, « accablé par ces graviers, lutte vainement pour « assurer la navigation ? »

Il serait chimérique en effet et contraire aux lois les plus élémentaires de la dynamique fluviale, de concevoir le projet de conduire les graviers d'une manière continue jusqu'à la mer, sans aucun repos.

On ne saurait donc apporter trop de prudence dans ce genre de travaux ; il faudrait, pour chaque cours d'eau, qu'ils fussent coordonnés d'après un plan d'ensemble avec une pleine connaissance des lois de la perturbation torrentielle. Comme le dit encore avec raison M. Cézanne : « Un cours d'eau « est un être vivant ; il se déplace, croît et décroît ; « il est calme ou furieux. S'il en est ainsi, pour- « quoi le soumettre à deux traitements différents ? » Et je me permettrai d'ajouter, après ce remarquable passage de l'éminent ingénieur : un cours d'eau est une véritable machine dont tous les organes sont solidaires, depuis son embouchure jusqu'à sa source, et on ne peut rien faire sur un point sans que l'influence ne s'en fasse sentir dans tout l'organisme.

Je ne pousserai pas plus loin l'analyse de la force torrentielle dans les cours d'eau. A l'aide des principes si simples que nous venons de poser, et qui se résument dans les effets de la puissance d'affouillement et d'entraînement alternant avec ceux de la puissance colmatante, rien n'est plus facile que d'expliquer tous les faits hydrologiques, en apparence les plus compliqués, concernant soit la navigation, soit la sûreté des rives.

J'appellerai particulièrement l'attention des hydrauliciens sur les effets de la viscosité, non-seulement en ce qui concerne le courant de matière, mais par rapport au courant d'eau lui-même.

Sur les pentes fortes des torrents, il faut que la viscosité arrive presque jusqu'à l'état de lave, pour que l'écoulement subisse une profonde perturbation ; mais il n'en est plus ainsi dans les cours d'eau à pente extrêmement faible. La moindre diminution dans la fluidité peut avoir les conséquences les plus graves. Alors que l'eau la plus limpide ne coule qu'avec une extrême lenteur, s'il arrive que par une notable adjonction de matières argileuses la fluidité diminue, l'action soulevante qui combat la pesanteur, sous l'influence de l'état de ralentissement de la vitesse, peut devenir facilement prépondérante.

Il est donc nécessaire de tenir compte du coëfficient représentant la variation dans la fluidité, comme une donnée nouvelle à introduire dans le problème, et une donnée d'une importance capitale. Elle est telle, qu'à un moment donné d'une grande crue, lorsque la perturbation est profonde et l'action soulevante atteignant son maximum d'intensité, lequel se révèle par un bombement marqué de la surface, si on pouvait disposer d'une masse considérable d'eau limpide et l'infuser dans le courant, on ferait peut-être baisser le niveau, en augmentant la fluidité et par suite la vitesse, qui est l'élément principal du débit.

L'expérience atteste que c'est pendant la période décroissante d'une crue, alors que le débit diminue, que l'influence perturbatrice se manifeste avec plus d'énergie. On voit alors parfois ce fait étrange, sur lequel on ne pourrait trop appeler l'attention : parfois le niveau monte quand le débit diminue; fait bien propre à dérouter toutes les investigations, quand on n'en possède pas le secret.

L'honorable M. Belgrand, dans ses remarquables études sur le régime de la Seine, a négligé cet élément du problème ; il se préoccupe exclusivement de la question de perméabilité des terrains du bassin. Il a constaté que les affluents provenant des terrains argileux imperméables avaient seuls un caractère torrentiel. Il est possible que cette torrentialité soit uniquement due à l'imperméabilité du sol. N'ayant point étudié les lieux, il m'est impossible d'avoir une opinion sur une question de fait; mais je ne saurais dissimuler les doutes qui se sont élevés dans mon esprit, puisque l'attention de l'illustre ingénieur ne s'est point portée sur l'idée de la possibilité d'un état de perturbation. Les eaux arrivent en plus grande abondance des terrains imperméables, c'est incontestable, mais n'arrivent-elles pas aussi chargées d'argile avec un degré de viscosité capable d'exercer une influence perturbatrice? Je me borne à poser un point d'interrogation.

M. Cézanne lui-même, qui connaît à fond les torrents et qui aurait dû se tenir en garde contre cet écueil, ne me paraît pas l'avoir suffisamment évité. En rapportant les observations de M. de Mardigny, au sujet des crues de l'Ardèche et du Rhône, il s'exprime ainsi :

« On a vu la crue de l'Ardèche tantôt traverser « le Rhône comme un barrage, enfoncer la digue « opposée et se répandre dans les plaines de « la rive gauche; tantôt recouvrir le fleuve d'un « radeau de troncs d'arbres arrachés aux mon- « tagnes.

« L'Ardèche seule détermine dans le Rhône, à « Avignon, une crue subite de plus de 5 mètres. « Si, par une rotation des vents qui passeraient au « sud-est, après avoir longtemps soufflé de l'ouest, « un pareil cataclysme se produisait dans un mo- « ment où déjà le Rhône et ses affluents de la rive « gauche seraient en crue, le fleuve dépasserait

« probablement de plusieurs mètres le plus haut « niveau connu des eaux. Qui peut assurer que « cet événement n'arrivera pas ? Et quel serait « alors le rôle possible des forêts ? M. de Mardigny « pense qu'il n'y a rien à attendre du reboisement « des Cévennes ; il paraît considérer l'Ardèche « comme un de ces cas extrêmes et désespérés où « l'homme, dominé par les éléments, ne peut oppo- « ser à leur fureur que la résignation. »

Ce passage remarquable, que j'ai tenu à citer en entier, montre bien d'une part la préoccupation exclusive de l'action du débit, d'autre part le sentiment de découragement qui peut s'emparer des esprits les plus solides, lorsqu'ils ne s'appuient pas sur des idées certaines.

Il résulte des faits, tels qu'ils sont rapportés, que si l'Ardèche a pu couper le Rhône, enfoncer la digue opposée et se répandre sur la rive gauche, c'est qu'un courant de matière formidable était formé. Il est physiquement impossible qu'un simple courant d'eau produise de pareils effets. Les troncs d'arbres qui couvraient le Rhône en si grand nombre, comme un radeau, attestent que le phénomène s'était accompli sous l'influence d'un énergique travail d'affouillement dans la montagne, et d'une force d'entraînement excessive. Ces troncs d'arbres si nombreux ont dû ajouter encore à la puissance du courant de matière.

Sur une plus petite échelle, les faits de ce genre sont fréquents dans les Alpes. En 1856, le torrent de Vachères, en pleine crue, barra la Durance, enfonça la digue opposée et se répandit sur la rive droite, se comportant absolument comme l'Ardèche par rapport au Rhône.

Un pareil accident n'est plus possible depuis que le régime du torrent a été modifié par des travaux d'extinction.

Dès lors, sans contester absolument les effets qui peuvent résulter d'une subite et excessive concentration d'eau, il me semble démontré qu'il est impossible de nier l'aggravation du mal produite par les causes perturbatrices.

La question est donc ramenée à faire un sage discernement entre les deux influences. Cela n'est pas difficile pour chaque cours d'eau. Les signes de la perturbation et de son degré d'intensité se manifestent avec la plus grande clarté; ils sont ineffaçables.

Nous ne devons donc pas nous abandonner au

sentiment de découragement éprouvé par M. de Mardigny et que paraît avoir partagé M. Cézanne. Certes la tâche est grande, mais elle n'est pas impossible. Seulement il faut suivre désormais une autre voie que je vais essayer de tracer dans le chapitre suivant, en démontrant la possibilité d'exercer sur le régime des plus grands cours d'eau une action sérieuse et suffisante pour prévenir leurs débordements.

§ 2. Plan d'opération pour la régularisation du régime d'un grand cours d'eau.

Soit un grand cours d'eau tel que le Rhône ou la Loire, ou bien un de leurs affluents principaux seulement, la Durance par exemple, charriant des matériaux, donnant des signes évidents de perturbation et d'instabilité, et soumis à des débordements fréquents.

Quelle que soit l'opinion que l'on se fasse sur la part à faire à la cause première ou aux causes secondes, il est indubitable qu'on exercera une action énorme sur le régime en amoindrissant d'une manière notable la perturbation, si on ne peut pas la supprimer complétement.

Si on pouvait seulement parvenir, en clarifiant l'eau, à diminuer la viscosité dans une forte mesure; si la masse des matériaux charriés était réduite, surtout ceux d'un fort volume, on produirait une amélioration telle dans le régime qu'elle suffirait à prévenir des catastrophes.

Ce n'est ni la science ni le talent qui font défaut à nos ingénieurs, mais le problème, tel qu'il leur est posé, est insoluble.

Pendant longtemps on a exalté l'art des ingénieurs italiens qui avaient su, disait-on, contenir le Pô, et cependant, quoique le régime de ce fleuve soit d'une tranquillité bien supérieure à celle des nôtres, de récents événements ont prouvé qu'il n'existait de sûreté nulle part.

Cela se conçoit, et il en sera ainsi tant qu'un fleuve restera soumis à une action perturbatrice qui exhausse le fond de son lit et soulève ses flots. Il n'y a point de digues insubmersibles contre de pareilles forces.

Supposons au contraire le régime rendu à la stabilité; l'écoulement s'effectuant dans les conditions normales, de telle sorte qu'à chaque élévation du niveau corresponde toujours un accroissement de vitesse, la question d'endiguement ne présente plus de difficulté.

La solution du problème est dans cet ordre d'idées beaucoup plus que dans des combinaisons tendant à agir sur le débit soit par des réservoirs, soit par des déversoirs.

Il pourrait même être souverainement imprudent de toucher au débit, au moment d'une crue, tant que les causes de perturbation subsistent. En effet, si le débit venait à diminuer à un moment et sur un point où la perturbation serait intense, celle-ci n'en pourrait qu'être aggravée, et ce qu'on aurait fait pour un bien deviendrait peut-être un mal.

Au contraire, si la perturbation diminue, le débit restant le même, la puissance d'affouillement et d'entraînement n'en serait que plus grande, ce qui permettrait au fleuve d'approfondir son chenal.

La conséquence est qu'il faut cesser de se préoccuper du débit pour ne viser exclusivement que la perturbation.

Le reboisement des montagnes remplit, il est

vrai, le double but, mais il peut être entendu de deux manières.

Lorsqu'on veut exercer par les forêts une action sur le débit d'un cours d'eau, on est obligé d'étendre le boisement sur de vastes surfaces comprenant la majeure partie du bassin. Si, au contraire, on veut agir sur la perturbation, il faut concentrer le reboisement sur des points convenablement choisis, sauf à fortifier son action par le cortége de travaux accessoires employés pour l'extinction des torrents.

C'est ce dernier système qui est seul efficace et pratique pour un grand cours d'eau.

Dans un bassin comme celui de la Loire, on pourrait boiser par exemple cent mille hectares de terrains sans modifier sensiblement le régime, si les terrains n'étaient pas choisis avec intelligence au point de vue de la consolidation du sol et du but qu'on se propose.

La nécessité d'un plan d'ensemble, d'une étude préalable embrassant le cours d'eau tout entier, est donc de rigueur.

Il est indispensable tout d'abord de connaître à

fond le régime du cours d'eau et de mesurer son degré de torrentialité. On s'en rendra un compte exact par une reconnaissance générale.

Tous les affluents devront être classés sur une carte hydrologique, d'après leur degré de torrentialité.

L'inspection de l'état du confluent suffit le plus souvent à faire connaître le régime de l'affluent. Lorsqu'ils sont torrentiels, ils divaguent sur un lit élargi avant de se jeter dans le cours d'eau principal.

En soumettant ensuite chaque affluent à la même investigation, et en le suivant dans toutes ses ramifications supérieures, on arrive facilement à déterminer quels sont les points qui sont les foyers principaux de production des matières pierreuses ou argileuses, causes de la perturbation qu'on veut combattre.

Par là, on localise le mal, on le circonscrit et on serait étonné, j'en ai la conviction, après une pareille exploration, en constatant à quel point l'étendue totale des sources de production des graviers est faible relativement à l'étendue totale du bassin.

Par ce moyen, l'opération n'est point livrée au hasard. On procède rationnellement et à coup sûr. Dès que l'étendue de la plaie qu'il s'agit de cicatriser est connue et définie, il est facile de se rendre compte d'avance de l'importance des travaux à exécuter, de la dépense qu'ils exigeront et du temps qu'ils nécessiteront.

On reste toujours maître d'aménager l'opération d'après les ressources disponibles, mais du moins on travaille d'après un plan arrêté et on peut compter sur un succès certain.

Je ne méconnais pas ce qu'il peut y avoir de prématuré dans ces idées; je les expose plutôt pour l'avenir que pour le présent. Une œuvre aussi colossale ne s'improvise pas. Toute idée neuve a besoin de mûrir avant d'être acceptée; elle gagne, quand elle est vraie, à passer par le crible des contradictions et des oppositions, et elle finit par triompher.

Le reboisement des montagnes, envisagé à ce point de vue, a déjà vaincu bien des obstacles; il a résisté à la terrible épreuve des malheurs publics. Il s'affirme de jour en jour, et, à mesure qu'il sera mieux compris, on sentira davantage la nécessité de le développer.

Je résumerai toute ma pensée en peu de mots : c'est une solution qui s'impose ; elle est efficace et il n'en existe point d'autre pour un problème qu'on ne peut écarter et qui se dresse de plus en plus menaçant.

Je m'estimerais heureux si, par cet écrit imparfait, mais qui est l'expression des convictions les plus profondes, je pouvais contribuer à hâter le moment où nos beaux fleuves, n'inspirant plus de craintes, ne faisant plus courir de dangers, deviendraient de superbes voies de navigation.

CINQUIÈME PARTIE

COLMATAGE

Les grandes perturbations dans l'ordre de la nature, qui laissent souvent après elles des traces si douloureuses de leur passage, remplissent néanmoins une fonction utile, même nécessaire, dans l'œuvre de la création. Les orages qui bouleversent l'atmosphère purifient l'air ; sans les cyclônes de l'Océan indien, ces parages ne seraient pas habitables. Les tempêtes de la mer servent à prévenir l'altération des eaux en mélangeant avec les couches supérieures les couches inférieures plus saturées de sel.

Les débordements des cours d'eau, contre lesquels nous cherchons à nous protéger aujourd'hui, ont servi à créer les fertiles alluvions de ces deltas gigantesques et de tant de riches vallées, les plus belles parties de la terre, où la société humaine a pu se développer et enfanter ses merveilles.

De nos jours encore, dans certaines vallées, des inondations bienfaisantes artificielles ou naturelles, en déposant un limon réparateur sur des terrains épuisés, sont une source de richesse.

Il y a donc là une force qui tantôt cause la ruine et la dévastation, tantôt devient un précieux instrument de travail suivant qu'elle est désordonnée ou réglée.

Après avoir montré comment on peut dominer cette force et la contenir dans ses écarts, il est logique, et je ne crois pas manquer en cela à la règle d'unité qui doit présider à toute composition, d'indiquer comment on peut l'utiliser ; d'autant plus que cet emploi utile s'appuie précisément sur les lois qui régissent cette force, et que nous venons d'étudier.

C'est ce qui m'a décidé à consacrer quelques pages à cette belle et intéressante opération agricole connue sous le nom de colmatage et pratiquée par les Égyptiens depuis un temps immémorial, avec un art admirable.

Transformer des déserts en des steppes, des terrains pierreux absolument stériles, ou ne produisant qu'un chétif pâturage, en terrains d'alluvion susceptibles de se couvrir de la plus luxuriante et la plus riche végétation, est certainement une des entreprises non-seulement les plus lucratives, mais aussi les plus intéressantes sous tous les rapports. Partout où elle a été tentée dans de bonnes conditions, elle a donné des résultats dépassant toutes les espérances qu'on avait pu concevoir.

Il existe en France de vastes contrées, surtout dans le Midi, où cette opération trouverait une utile application.

L'immense plaine qui s'étend de la ville d'Arles en Provence jusqu'à la mer, sur la rive gauche du Rhône, connue sous le nom de la Crau, est, dans sa partie centrale, un véritable désert de 40,000 hectares, couvert de cailloux, complétement brûlé par la sécheresse en été, et où, pendant la saison des pluies en hiver, croissent quelques brins d'herbe dont se nourrissent les troupeaux de moutons transhumants.

La fertilisation de cette plaine par le colmatage, au moyen des eaux de la Durance, serait un immense bienfait, non-seulement pour la Provence, mais pour tout le pays. Il y aurait là une création de richesse agricole énorme qui réagirait certainement sur la fortune publique et le bien-être général.

Aussi cette idée, qui n'est pas de moi, a-t-elle de tout temps préoccupé les hommes qui sont portés vers l'étude de la nature et les grandes améliorations.

Je crois savoir qu'en ce moment même les ingénieurs étudient cette grave question.

M. Scipion Gras, cet infatigable chercheur, qu'on est sûr de rencontrer sur toutes les routes du domaine de la physique terrestre, s'en est beaucoup occupé. Il a décrit la Crau ; il a discuté tous les systèmes de transformation dont elle serait susceptible, et s'il s'est prononcé contre le colmatage, c'est uniquement à cause des dépenses excessives qu'entraînerait l'application des procédés généralement en usage, et qui consistent à immerger immédiatement la surface par un système de bassins dans lesquels l'eau, à l'état de stagnation, dépose la totalité des matières qu'elle tient en suspension.

Il conclut en ces termes : « Il faudrait un moyen

« économique de faire déposer les troubles ; or ce « moyen est encore à trouver. »

Je me permettrai de lui faire observer que, s'il n'a pas trouvé la solution, du moins il l'a touchée de bien près, et, en tout cas, il l'a préparée par ses belles études sur les lois torrentielles et les effets de retenue des graviers.

Le procédé que je vais exposer, que j'ai expérimenté avec un succès complet, dans les conditions les plus difficiles, sur le cône d'un des plus grands torrents des Alpes, n'est qu'une imitation du procédé employé en grand par la nature dans toutes ses créations, et que par ce motif j'appelle le colmatage naturel. Il n'a fallu ni chaussées ni bassins à la nature pour faire déposer par les eaux des couches puissantes de limons ; pourquoi ne l'imiterions-nous pas ?

Le problème se pose ainsi : étant donné une surface aride et à côté un cours d'eau entraînant des terres, faire déposer ces terres en une couche uniforme sur toute l'étendue de la surface, par des procédés économiques.

Une condition indispensable, c'est que le cours d'eau possède une torrentialité assez intense. Si on ne dispose que d'un cours d'eau tranquille, ne charriant que des limons très-fins et encore en faible quantité, il est évident qu'on ne pourra obtenir le dépôt que par la stagnation et dès lors en employant les procédés ordinaires.

Je ferai observer d'ailleurs que généralement, sur les bords de ces rivières parvenues à un tel état de tranquillité, il ne reste plus de terres arides et incultes. Pendant la période d'extinction progressive de la torrentialité par laquelle tous les cours d'eau stables ont passé, la nature s'est chargée de colmater et de féconder les rives.

Le système s'applique aux rivières torrentielles dont il s'agit d'utiliser les forces. Il faut surtout se hâter d'exécuter ces travaux dans le bassin de celles dont on a entrepris d'éteindre la torrentialité artificiellement.

Par exemple, la Durance est certainement la rivière la plus torrentielle de France. Les travaux d'extinction entrepris dans son bassin marchent, et il est permis d'espérer que, s'ils sont poursuivis avec vigueur, le régime de ce cours d'eau sera profondément modifié et amélioré dans un temps donné. Il y a donc opportunité de s'occuper dès à présent des travaux de colmatage que réclame son bassin, puisque, plus la torrentialité des eaux dont on dispose est forte, plus l'opération a de chances de succès.

EXPOSÉ DU SYSTÈME DE COLMATAGE NATUREL.

Je vais essayer d'exposer le plus succinctement possible l'idée fondamentale du système. En toutes choses, quand on a saisi l'idée mère génératrice, le reste se déduit tout seul.

Si la stagnation de l'eau est nécessaire pour obtenir le dépôt des limons les plus fins, il suffit d'un ralentissement de la vitesse pour déterminer l'arrêt des matières plus lourdes.

Les galets s'arrêtent plus facilement que les graviers, ceux-ci plus facilement que les sables, et ainsi de suite jusqu'aux limons les plus fins.

En second lieu, on sait qu'un élargissement de la section du courant est une cause de ralentissement plus énergique que la diminution de pente.

Tout le système est fondé sur ces deux principes élémentaires.

Supposons que le canal chargé d'amener les eaux sur la surface qu'on veut colmater ait une pente suffisante pour entraîner des sables, des graviers ou même des galets ; on aura la possibilité de produire un débordement torrentiel artificiel sur n'importe quel point, en offrant subitement aux eaux un brusque élargissement de section. Les matières se déposeront d'après les lois qui leur sont propres, en formant de véritables petits cônes de déjection très-aplatis, à raison de la faiblesse du volume des matériaux. On facilite cette action en élevant en travers de toutes les dépressions du sol de légers barrages submersibles très-bas, mais à crête horizontale. On construit ces espèces de bourrelets en empruntant aux protubérances du sol voisines, ce qui tend à faciliter le nivellement.

Le but principal qu'il s'agit d'atteindre, c'est en effet un premier nivellement au niveau actuel des graviers. Le succès de l'opération est assuré dès que ce résultat est réalisé. En déchargeant successivement un petit courant torrentiel dans toutes les dépressions, et en facilitant l'atterrissement par les obstacles les plus grossiers, on exhausse rapidement tous les bas-fonds ; à mesure que cet exhaussement s'accentue, le nivellement s'étend, la section offerte à l'eau s'élargit, le ralentissement se prononce de plus en plus, et le travail utile suit une progression rapidement croissante.

Pendant la durée de l'opération, la nature ne reste pas inactive. Dans cette couche graveleuse à laquelle se mêle de plus en plus du limon, la végétation herbacée se développe avec une vigueur surprenante ; l'eau apporte des graines et des germes en abondance si prodigieuse que bientôt le gazonnement s'empare de toute la surface. Quelques essences forestières, surtout les bois blancs de toute nature, se montrent aussi.

Une véritable transformation s'opère. A la place d'un gravier aride et d'une surface ravinée, on a un sol uni, couvert d'une vigoureuse végétation. L'eau peut dès lors s'épancher et s'étendre en une lame amincie ; le ralentissement est tel que les limons les plus fins se déposent comme dans une eau stagnante. A partir de ce moment, le sol s'exhausse comme par enchantement en conservant son profil ; si au moyen d'un bâton pointu, pénétrant facilement dans l'alluvion, on la sonde de temps en temps, on est émerveillé des progrès de l'exhaussement.

Telle est dans toute sa simplicité l'idée du système ; elle se résume en ceci, qu'on provoque à volonté des débordements torrentiels, en imitant le travail de la nature.

La mise en pratique n'offre point de difficultés, cependant elle exige un coup d'œil très-exercé. L'opération est facile, mais d'une délicatesse extrême pour être bien conduite. Ai-je besoin d'ajouter qu'elle est intéressante au plus haut degré? Tout ce que je puis dire, c'est qu'elle passionne.

Après avoir disposé le terrain en barrant les dépressions par de légers bourrelets à crête horizontale, il faut régler la vitesse du courant et sa masse suivant les cas.

On comble d'abord les fortes dépressions et les ravines avec les plus gros matériaux; on a besoin alors d'un courant assez rapide. Par-dessus ce remblai grossier, on étend les graviers moins volumineux, puis des sables, puis des limons, et toujours il faut que la vitesse de l'eau aille en se ralentissant, à mesure que le nivellement se perfectionne. Enfin, pour donner ce que j'appellerai le dernier coup de rasoir qui doit unir la surface comme une feuille de papier, on ne doit plus faire épancher qu'une faible quantité d'eau par forme de déversement, latéralement au canal.

On n'a pas besoin, pour la conduite de l'opération, d'ouvrages dispendieux ; une pierre ou un fagot placés de façon à modérer la vitesse suffisent le plus souvent pour obtenir l'effet désiré dans ce travail, dont les forces de la nature font tous les frais.

Un ouvrier intelligent, habitué aux travaux agricoles, a vite saisi le principe et l'applique avec perfection.

J'en emploie un depuis quinze ans au colmatage d'une partie du cône du torrent de Vachères, dans les Hautes-Alpes, et il est devenu d'une habileté vraiment étonnante. Il connaît à fond et d'instinct toutes les lois de l'entraînement et du dépôt des matières, à ce point qu'il me suffit désormais de lui ordonner de faire arriver sur telle partie de la surface une couche soit de gravier, de sable ou de limon, pour que ce soit exécuté.

L'opération sur ce cône offrait de grandes difficultés ; la pente générale est d'environ 4 p. 100. La surface, qui avait été longtemps exposée aux divagations d'un torrent impétueux, était parsemée de pierres dont quelques-unes avaient jusqu'à 60 centimètres de diamètre. Partout des ravines profondes ramassaient les eaux en courants rapides, ce qui aurait rendu tout dépôt impossible.

Par compensation, je pouvais disposer des eaux très-visqueuses d'un torrent d'une extrême torrentialité, charriant énormément. Un canal, protégé par une digue, me permettait d'amener sur le terrain un volume d'eau considérable en toute sûreté.

J'ai suivi le procédé indiqué, et voici où en est l'opération commencée depuis quinze ans : la contenance totale étant de 20 hectares, sur 3 hectares il y a déjà de superbes récoltes en blé, légumes et fourrages. Le terrain neuf est d'une grande fertilité. Sur 5 hectares, la prairie est formée et on y fauche. L'exhaussement n'étant pas encore jugé suffisant, on continue à arroser avec les eaux troubles.

Sur le surplus, on exécute seulement les premiers travaux destinés à effacer d'abord les plus grandes inégalités du sol.

Diverses circonstances inutiles à rappeler ont empêché de conduire l'opération avec ensemble sur toute la surface et d'une manière suivie. Elle avait surtout à mes yeux un caractère expérimental dont j'appréciais l'importance. Quant au prix de revient, il peut être basé de la manière suivante avec une grande approximation : après l'entier achèvement, on pourra évaluer la dépense totale pour les 20 hectares à 6,000 francs au maximum. La plus-value du terrain sera de 100,000 francs ; il ne valait pas plus de 50 francs l'hectare avant l'opération.

Si on applique ces chiffres aux 40,000 hectares de la Crau, qui ne valent pas plus de 300 francs l'hectare au maximum, on voit que le bénéfice dépasserait 100 millions, sans compter les autres avantages.

La plus grosse dépense pour la Crau consisterait dans la construction du canal.

Les canaux existants de Craponne, des Alpines et de Marseille ne pourraient pas être utilisés ; tracés avec une pente extrêmement faible, ils ne peuvent entraîner que des limons; dès lors, ils ne remplissent plus le but, et je ne pense pas, quels que soient les projets auxquels on s'arrêtera, qu'on puisse jamais rien faire de sérieux dans la Crau avec ces canaux ou d'autres tracés d'après les mêmes principes. On ne pourrait faire que de l'irrigation, ce qui serait déjà un immense bienfait, je le reconnais ; mais il faudrait renoncer à l'idée du colmatage, qui seul peut assurer la régénération de la Crau.

. . . .

Pour colmater et appliquer les principes féconds que j'ai exposés, il faut un canal spécial, à forte pente, possible à établir à travers la brèche de Lamanon.

La prise d'eau, tirant de fond, doit être disposée de manière, au besoin en y adaptant une écluse, à permettre d'introduire à volonté dans le canal des matières volumineuses ou simplement des limons.

Non-seulement par ce procédé on réalise une économie énorme, mais on évite les inconvénients qui résultent du colmatage ordinaire. Par celui-ci, avec l'emploi des bassins, on a une retenue complète, et dès lors un terrain argileux trop compacte, rebelle pendant longtemps à la végétation, malgré d'abondantes fumures.

C'est aussi un argument que fait valoir M. Scipion Gras, pour diminuer le regret que lui inspire l'impossibilité supposée d'appliquer le colmatage à la Crau.

Par le procédé naturel, au contraire, le dépôt est formé d'un mélange de gravier, de sable et limon, dont on peut même doser les proportions à volonté, de manière à obtenir un terrain argilo-graveleux suffisamment divisé.

Sur les limons purs, le gazonnement ne se produit pas, mais il se développe avec une grande vigueur naturellement sur les dépôts mélangés, ce qui hâte la formation d'une couche supérieure de terre végétale, de sorte qu'en très-peu de temps on obtient un terrain fertile, n'exigeant que peu d'engrais.

Enfin, pour ce qui concerne spécialement la Crau, ce nouveau procédé peut se concilier avec le pâturage pendant toute la durée de l'opération jusqu'au moment de la mise en culture.

En présence d'un résultat certain, sans aucune chance aléatoire, avec la certitude d'une plus-value énorme, sans apporter aucun trouble dans les habitudes et les intérêts existants, il n'y a point de doute qu'on ne parvînt à lever toutes les autres difficultés, si une puissante initiative venant d'en haut patronnait l'entreprise.

La transformation de la Crau et de toutes les surfaces de gravier qui bordent nos rivières torrentielles serait une œuvre qui suffirait pour illustrer un gouvernement ou un homme.

Si l'opération était étendue à tous les terrains incultes que pourraient atteindre les eaux de la Durance, on créerait des richesses incalculables.

On serait tenté de croire que le nouveau procédé doit être d'une extrême lenteur ; sans doute, de grandes entreprises, comme celles de la Crau, exigeraient un grand nombre d'années; mais ce serait une erreur de croire qu'il faudrait beaucoup plus de temps par le nouveau procédé que par l'ancien. Ça va beaucoup plus vite qu'on ne se l'imagine. Si on a le soin d'établir à la partie inférieure du terrain quelques bassins pour recueillir les limons qui, à cause de leur extrême légèreté, n'ont pu se déposer plus haut, il n'y a rien de perdu.

S'il faut un certain temps pour obtenir la hauteur de dépôt voulue, on arrive très-rapidement au premier nivellement et au gazonnement général. A partir de ce moment, le terrain produit des herbages dont la valeur suffit à couvrir tous les frais d'entretien et d'achèvement.

C'est ce que j'ai obtenu dans mon expérience sur le cône du torrent de Vachères; le revenu de la propriété suffit désormais à l'achèvement des travaux, et comme ce revenu va croissant, les moyens financiers d'action sont fournis par l'opération elle-même.

Ne serait-ce pas déjà un résultat considérable si, en très-peu d'années, l'immense plaine de la Crau, au lieu de ne présenter à la vue qu'une mer de cailloux, offrait l'aspect verdoyant des savanes américaines se perdant à l'horizon?

Faudrait-il d'ailleurs un siècle, ce que je ne pense pas, pour que la surface entière pût se couvrir de cultures, de villes et de villages, qu'il n'y aurait pas lieu encore de compter avec le temps. Il a fallu près d'un siècle pour achever le boisement et la fixation des dunes. Il faudra peut-être ce temps pour accomplir la régénération des montagnes et l'extinction du principe torrentiel et révolutionnaire de nos cours d'eau. Si, au bout du même temps, nous laissions aux générations qui nous suivront de vastes étendues nouvelles à cultiver, n'aurions-nous pas mérité leur reconnaissance?

Un travail de ce genre, dans lequel on met en jeu les forces de la nature, ne se prête pas, comme les travaux d'art ordinaires, à la rédaction de projets dans lesquels on prévoit tous les terrassements, toutes les constructions et toutes les dépenses. L'établissement du canal seul est susceptible d'être l'objet d'un projet régulier. Dès lors, on se pose naturellement la question de savoir par qui un pareil travail devrait être exécuté. Il pourrait être sans doute confié à une compagnie; mais entre les administrations publiques, quelle est celle qui pourrait en être chargée le plus utilement? La construction du canal reviendrait de droit au corps des ponts et chaussées ; mais il semble que l'opération proprement dite pourrait être confiée avec avantage au corps forestier familiarisé avec les forces de la nature. Du reste, pourvu que le bien se fasse, peu importe par qui il est fait.

Que faudrait-il pour créer ces merveilles? De l'argent? Il en faut un peu, c'est vrai, mais pas trop; quelques gouttes de notre océan budgétaire, venant en aide à l'initiative privée dans une entreprise présentant des bénéfices énormes et certains, suffiraient. Ce qu'il faut surtout, c'est quelque chose de plus rare et de plus précieux que l'argent : une volonté énergique, de profondes convictions, la foi qui découvre des mondes, qui réunit des mers lointaines et brise tous les obstacles par sa persévérance.

SIXIÈME PARTIE

PHYSIQUE TERRESTRE

CONSIDÉRATIONS GÉNÉRALES

Une étude des torrents serait incomplète si elle n'embrassait pas leur action géologique tout entière et leur influence dans l'œuvre de la création.

Malgré les plus brillantes théories, où l'imagination intervient souvent pour une si large part, le doute et l'incertitude planent encore au-dessus des problèmes les plus importants de la physique terrestre, surtout sur ceux qui se rapportent à la forme du globe et à sa configuration.

De hardis voyageurs, poussés par l'amour de la science, bravant les plus grands dangers, parcourant toutes les latitudes dans les deux hémisphères, gravissant les plus hauts sommets, s'enfonçant dans les solitudes des déserts et des steppes, en n'ayant comme sur l'Océan d'autres guides que la boussole et le cours des astres, ont cherché à arracher à la nature ses secrets, et cependant aucune théorie générale satisfaisante n'est encore venue relier et expliquer tous les faits qu'ils ont rapportés de leurs explorations.

Plus les recherches et les investigations se multiplient, plus l'attention des géologues se porte sur l'action des torrents. Leur empreinte est visible ; à tous les âges géologiques, ils ont laissé des traces ineffaçables; mais quel a été leur rôle réel? Tel est le problème plein d'actualité qui s'impose aux méditations des naturalistes.

Nous savons déjà d'une manière certaine que tous les terrains connus sous le nom d'alluvions modernes sont leur œuvre. Une force qui a pu créer des immensités telles que les deltas du Gange ou de l'Amazone et de tant d'autres fleuves, se révèle déjà comme un agent d'une énergie formidable.

Après les alluvions modernes, les terrains qui révèlent le plus l'action torrentielle sont ceux qu'on a désignés sous le nom d'alluvions anciennes ou de Lœss, terrains offrant un mélange de blocs, de galets et de boues, et qu'on retrouve au pied de toutes les hautes chaînes de montagnes. En France, ils s'étendent sur de vastes contrées, au pied des Alpes et des Pyrénées.

Leur caractère torrentiel est visible ; mais les géologues étonnés, ne pouvant croire sans doute que les torrents soient la cause unique de formations atteignant, sur certains points, plus de 600 mètres d'épaisseur, ont cherché une autre cause, et ils ont cru la trouver dans la force glaciaire.

M. Cézanne, séduit par les idées de MM. Ch. Martins et Collomb, les intrépides explorateurs des glaciers, a développé sur cette thèse toute une théorie qui ne m'a pas convaincu, je dois l'avouer, malgré le grand talent et l'habileté déployés pour la soutenir.

Je suis donc dans l'obligation de discuter un système qui a le tort grave à mes yeux d'amoindrir le rôle immense joué par les torrents. Après avoir répondu victorieusement, je l'espère, à cette première objection, nous pourrons poursuivre notre étude avec plus de sûreté.

§ 1. Discussion de la théorie glaciaire de M. Cézanne.

M. Cézanne ne conteste pas certainement la grandeur de la force torrentielle, pas plus que je ne nie celle de la force glaciaire. Ce sont deux des plus grandes forces de la nature; mais, comme à des moments donnés elles participent à un travail commun, la difficulté consiste à faire la part de chacune d'elles.

Si on dégage l'argumentation de toutes les considérations secondaires et de toutes les interprétations obscures ou mal définies, au milieu desquelles elle se débat, il n'en reste pas moins que M. Cézanne et les éminents géologues qu'il cite, MM. Ch. Martins et Collomb, considèrent qu'il n'est pas possible d'expliquer la formation des grands dépôts géologiques, particulièrement le Lœss, par la seule action de la force torrentielle et sans recourir à l'intervention de l'action glaciaire. Non-seulement, à leurs yeux, la force torrentielle seule n'aurait pas une puissance suffisante pour accomplir un pareil travail, mais ils invoquent à l'appui de leur opinion des faits en contradiction avec l'action torrentielle, et qui s'expliqueraient parfaitement avec l'action glaciaire. Dès lors celle-ci apparaît comme un agent nécessaire, d'un caractère général et universel, sans lequel les grands dépôts n'auraient pas pu se former, du moins avec les dimensions, la forme et la structure qu'on leur connaît.

Voici comment le phénomène se serait accompli, autant que j'ai pu le saisir :

Le glacier use, broie et désagrége les roches. Il pousse sa moraine au dehors. Dans ses mouvements de progression ou en entassant des blocs de glace dans une gorge, il barre une vallée, un lac se forme, une débâcle s'ensuit, et les matériaux accumulés dans les moraines, entraînés par le torrent glaciaire, vont au loin former un cône ou un Lœss glaciaire.

Je ne conteste pas les débâcles, elles s'accomplissent encore sous nos yeux ; mais je ne vois là que des faits ou accidentels ou localisés.

En broyant les roches ou en fournissant des aliments aux torrents, les glaciers se comportent, sous ce rapport, comme tous les agents naturels : la pluie, le gel et le dégel, les avalanches, etc., etc. On ne pourrait donc soutenir qu'un dépôt est glaciaire, par cela seul qu'il contiendrait des matériaux d'origine glaciaire.

Ce qui est en cause, c'est la force de transport.

La préoccupation, source de l'erreur dans laquelle sont tombés ces géologues, se révèle dans les lignes suivantes de MM. Ch. Martins et Collomb, citées par M. Cézanne :

« En étudiant les traces que le glacier a laissées « sur le sol, nous avons vu qu'il se comportait « comme tous les glaciers connus ; il transportait « des matériaux d'un fort volume et en même temps « des menus débris que nous trouvons sous forme « de moraines, exactement à la place qui leur est « assignée par les lois acceptées du mouvement « de translation des glaciers, et en affectant une « disposition qui *exclut tous les autres modes de trans-* « *ports naturels*. »

On ne connaissait du mode de transport par les eaux que le triage. On ignorait que, sous l'influence de la torrentialité, il existe un autre mode de transport qui, sous le rapport de la confusion des matériaux, produit des dépôts analogues aux moraines. Dès lors tous les dépôts torrentiels étaient pris pour des moraines.

M. Cézanne, qui n'ignorait pas les effets du transport en masse, ne pouvait tomber dans cette erreur; cependant il y a cédé dans une certaine mesure.

Voici-ce qu'il dit à la page 304 :

« Reprenons le parallèle entre le glacier et le « torrent : arrivés dans la vallée, le torrent dépose « son cône et le glacier sa moraine. On sait com- « ment on distingue ces deux sortes de déjections : « celles du glacier sont caractérisées par des dé- « pôts en forme de digues ou de barrages, formés « de gros blocs, de cailloux rayés, de sable, de « graviers et suivis d'autres blocs, transportés sans « dommage à de grandes distances avec leurs arê- « tes vives, leurs angles aigus, leurs formes cris- « tallines. Ces différentes sortes de blocs sont « mêlées à de la boue glaciaire qui n'est autre que « le résultat de l'usure des rochers qui servent de « lit au glacier. Le courant glaciaire dépose pêle- « mêle ces fragments, grands ou petits, sans avoir « égard à leurs dimensions.

« Au contraire, les cours d'eau font un triage; ils « déposent d'abord les plus gros matériaux, ensuite « les plus petits, dans un ordre décroissant, qu'on « exprime par ces mots : blocs, galets, graviers, sa- « ble et limon. On sait que les eaux roulent ces « fragments, les usent, les arrondissent, et l'on a

« remarqué qu'à chaque point d'un torrent, les « plus gros fragments présentent d'ordinaire la « sphéricité la plus parfaite (1). Bien que les cours « d'eau opèrent d'ordinaire un triage, bien que le « plus souvent ils ne déposent pas simultanément « des galets ou du limon, des blocs ou de la boue, « cependant, lorsqu'un torrent procède par débâcle, « ou, suivant l'expression de M. Scipion Gras, par « transport en masse, il dépose en même temps de « l'argile délayée et des blocs anguleux de plu- « sieurs mètres cubes. On voit par là que les seuls « caractères qui permettent avec certitude de dis- « tinguer l'action de l'un ou de l'autre agent, sont « les blocs ou cailloux rayés pour le glacier, les « blocs roulés pour le torrent.

« Lorsqu'un torrent est sujet à des débâcles ré- « sultant de l'épanchement subit d'un lac glaciaire, « on doit s'attendre, à l'aval dans la vallée, à ren- « contrer des déjections torrentielles ou glaciaires « confondues et très-difficiles à séparer. Nous avons « rapporté au chapitre précédent l'exemple d'une « débâcle occasionnée par le glacier de Giétroz ; on « en pourrait citer un très-grand nombre. »

M. Cézanne admet donc que le mélange des ma-

(1) Philippe Breton.

tériaux n'est pas un caractère exclusif des moraines. Seulement il laisse entendre que cette disposition, qui se retrouve toujours dans les moraines, n'est qu'accidentelle et fort rare dans les dépôts torrentiels. Habituellement, dit-il, les cours d'eau procèdent par triage. Dès lors on tire logiquement cette conséquence, que la majeure partie des dépôts sont glaciaires.

Je reconnais que, dans l'état de tranquillité ou par de faibles crues, les cours d'eau opèrent le transport par triage ; mais les immenses dépôts dont il s'agit ne sont pas le produit d'un état de tranquillité et de stabilité. Qu'on les attribue à l'une ou à l'autre des deux forces, ils sont l'effet d'un état de perturbation et de violence poussé jusqu'au paroxysme le plus extrême. Ceci est évident.

Si aux débâcles glaciaires on n'oppose que l'état de tranquillité des cours d'eau, cette dernière force paraît trop faible pour expliquer de si grands effets. Mais si on compare les deux forces dans un état de violence, si aux débâcles glaciaires on oppose les débâcles torrentielles, non-seulement cette dernière force n'a rien à craindre de la comparaison, mais je soutiens qu'elle est supérieure à l'autre, et que dès lors il n'y a aucune conclusion à tirer de l'état de confusion des matériaux, cette disposition chaotique caractérisant tout autant le dépôt torrentiel que le dépôt glaciaire.

Arrêtons-nous donc à la comparaison des deux forces ; elles fonctionnent l'une et l'autre sous nos yeux, considérablement affaiblies.

Si les glaciers ont reculé et réduit leurs dimensions, d'un autre côté les torrents ont perdu leur prodigieuse activité.

Reportons-nous à l'époque où les glaciers des Alpes descendaient jusqu'à Lyon, en admettant le fait comme établi, et en même temps lorsque les masses énormes de matériaux que nous voyons étalées dans la plaine étaient attachées aux sommets et aux flancs des montagnes.

M. Cézanne dit à ce sujet (page 309) :

« On comprend facilement qu'à l'époque gla-
« ciaire, les mêmes phénomènes ont dû se re-
« produire sur une échelle infiniment plus grande.
« Le bassin du Rhône qui, par le seul fait de
« la Viége, a subi onze débâcles en deux cent
« quarante ans, était peut-être alors ravagé
« par cent débâcles annuelles, et quelles débâ-
« cles ! »

Cette exclamation ne me paraît pas justifiée. Les débâcles glaciaires ne devaient pas être à cette époque plus violentes et plus fréquentes que de nos jours.

On comprend qu'actuellement, lorsqu'une débâcle se forme dans les hautes montagnes, au sein d'une gorge resserrée, et qu'elle se précipite sur des pentes rapides, elle acquière une force prodigieuse. Mais lorsque les glaciers descendaient jusque dans le fond des vallées, comme leurs débâcles ne prennent naissance généralement qu'à leur partie inférieure, elles ne pouvaient pas acquérir une grande violence.

J'ajoute que ces débâcles devaient être moins fréquentes ; tous les exemples cités par M. Cézanne lui-même prouvent que ce phénomène, pour se produire, exige certaines dispositions particulières des lieux. C'est dans les gorges étroites bordées de hauts rochers que l'accident arrive. Le glacier barre facilement cet étranglement de la vallée, soit en s'y étalant, soit en précipitant du haut des falaises des blocs de glace qui, en s'entassant, finissent par constituer un barrage derrière lequel un lac se forme. Tous les exemples cités sont dans ce cas. Par contre, il n'existe aucun exemple de débâcle dans des vallées d'une certaine largeur, sur toute l'étendue des vastes glaciers des Alpes, qui, quoique réduite, est cependant encore immense.

Il est donc avéré que, pour qu'une débâcle glaciaire se produise, il faut une certaine prédisposition des lieux et des circonstances, absolument comme pour les avalanches de neige qui se reproduisent toujours sur les mêmes points et à la même époque. Et nous pouvons en conclure que, lorsque les glaciers descendaient jusqu'au fond des vallées, les débâcles devaient être moins fréquentes par suite de la plus grande difficulté que devaient éprouver les glaciers à former des barrages capables de retenir des lacs.

Il me paraît suffisamment prouvé que les débâcles ne sont qu'un phénomène des glaciers accidentel et localisé, ne constituant pas un état de choses général, et que, de plus, cette force n'a subi aucun amoindrissement.

Il en est autrement pour les torrents. Si on remonte à la même époque, en se figurant l'état et le relief des montagnes, alors qu'elles étaient encore recouvertes par les masses de terrains meubles qui forment le Lœss, lorsque les eaux pouvaient creuser des gorges d'une immense profondeur, il devait s'y produire des effets de débâcle autrement formidables que ceux des glaciers, d'autant plus que dans les. débâcles glaciaires, l'énorme quantité d'eau limpide est un obstacle à la formation du courant de matière. Or il ne faut jamais perdre de vue que, si un courant d'eau est plus puissant comme moteur, un courant de matière, agissant à la fois comme moteur et véhicule, est plus puissant comme force de transport.

Il est certain qu'un simple courant d'eau, nous l'avons prouvé, serait impuissant à ébranler tel bloc qu'un courant de matière soulèvera et transportera facilement.

L'avantage est donc tout entier du côté de la débâcle torrentielle, et si nous constatons aujourd'hui, dans des gorges relativement insignifiantes par rapport à celles qui devaient exister autrefois, des effets de débâcle capables de transporter des blocs de plus de 30 mètres cubes, quelle devait être l'énergie de celles qui se formaient et se répercutaient dans des gorges ayant des centaines de mètres de profondeur! C'est ici, avec plus de raison, qu'on pourrait s'écrier : Quelles débâcles!

Accentuant sa pensée, M. Cézanne s'exprime ainsi à la page 331 :

« Ces blocs colossaux, qui encombrent certains « lits, ont souvent une provenance éloignée, et, « jusqu'à la découverte de la période glaciaire, on « a pu s'extasier sur l'étonnante énergie du torrent « qui, dans sa jeunesse, a remué de pareils blocs. « On oubliait de remarquer que ces blocs sont for- « més de roches qui n'existent pas dans le bassin du « torrent, et que, par conséquent, les eaux n'ont pu « les faire descendre de la montagne. De nombreux « blocs erratiques des environs de Gap proviennent « des montagnes du Champsaur ; ils ont dû fran- « chir la vallée du Drac, et passer par-dessus la « chaîne qui sépare cette vallée de celle de la Du- « rance. »

Je répondrai plus loin à la dernière objection, qui est le grand argument qu'on croit sans réplique ; mais, en ce qui concerne l'énergie de la force qui a remué des blocs dont certains cubent des centaines de mètres cubes, je dis que la force de l'eau seule, soit des glaciers, soit des torrents, serait impuissante d'une manière absolue, et qu'il n'y a que des effets d'une grande masse matérielle qui aient pu les déplacer. Un pareil déplacement ne peut être l'effet d'une débâcle glaciaire, tandis qu'il s'explique parfaitement par des débâcles torrentielles telles que celles qui devaient se produire à cette époque et que l'imagination ne peut se représenter qu'avec difficulté, puisqu'elle est déjà comme effrayée par les phénomènes qui se passent sous nos yeux, et qui ne sont que des infiniment petits par rapport à ceux antérieurs.

Il est bien entendu que je ne parle ici que de la force des courants glaciaires produits par des débâcles, tels que ceux qui sont supposés avoir créé le Lœss. Car le glacier, par un effort direct de sa masse, est capable des plus grands effets de transport. Mais comme je ne suppose pas qu'on ait entendu que le glacier ait transporté directement les matériaux du Lœss, qu'il est au contraire clairement expliqué que ces terrains sont le produit de débâcles, je crois avoir suffisamment prouvé que, sous ce rapport, la force torrentielle est supérieure et de beaucoup à la force glaciaire.

Dans les débâcles torrentielles, les gros blocs, empâtés dans la lave, sont transportés avec leurs angles intacts comme par les glaciers.

Le roulage ne commence qu'à partir du moment où la viscosité diminue au point que les blocs puissent tourner dans le liquide.

Il n'y a donc non plus aucune preuve à tirer de la circonstance de la conservation des aspérités des blocs. M. Cézanne le reconnaît, puisque cet effet se produit par les deux modes de transport.

M. Cézanne dit à la page 337 :

« Il faut se garder de voir des cônes torrentiels là « où il n'y en a pas. Cependant la crainte d'un en- « traînement systématique ne doit pas fermer les « yeux à l'évidence. »

La forme conique des dépôts torrentiels est caractéristique. Sous nos yeux, les plus petits ruisseaux, comme les plus grands fleuves, forment leurs dépôts coniques en forme de delta, d'après des lois géométriques.

Les dépôts du Lœss sont formés et dressés d'après ces lois, depuis l'issue de la gorge marquant le sommet du cône jusqu'à leur extrémité inférieure.

Nous avons, d'un autre côté, d'immenses glaciers sous les yeux, et nulle part nous ne leur voyons créer des moraines ayant ces mêmes formes géométriques. Je ne m'explique pas dès lors comment on peut dire qu'il existe des cônes qui ne soient pas torrentiels.

On rencontre bien dans les montagnes, particulièrement dans les Alpes, des moraines de simple éboulis ou d'avalanche avec leurs talus géométriques caractéristiques dus à l'action de la pesanteur, mais les cônes du Lœss n'ont rien de commun avec ces formations particulières.

Rien ne ressemble plus à une moraine glaciaire qu'une moraine d'éboulis ou d'avalanche, et on a pu souvent les confondre, même sous le rapport des rayures et des usures des blocs produites par un énergique frottement au moment de l'éboulement.

Dès lors on peut affirmer que tous les cônes de déjection sont torrentiels et que toutes les moraines ne sont pas glaciaires.

On a même essayé de trouver une analogie entre les deux forces qui sont au fond tout ce qu'il y a de plus dissemblable.

Sans doute, dans tout travail mécanique, il y a des lois générales de dynamique qu'on retrouve même dans les forces les plus opposées; mais en réalité il n'y a aucune assimilation possible entre les glaciers et les torrents.

Le torrent, c'est la plus folle instabilité. Le glacier, au contraire, est l'image de la plus puissante stabilité; après avoir progressé, il recule en remontant vers sa source; il reste suspendu au-dessus des abîmes comme une cascade pétrifiée; il est la pureté infinie, tandis que le torrent, c'est la corruption des eaux poussée à ses dernières limites. Aucune perturbation n'est possible dans les mouvements du glacier, et l'on sait ce qu'il en est des torrents.

Quelle analogie pourrait-il exister entre deux forces pareilles? Et si en bonne logique on ne peut attribuer des effets identiques à des causes contraires, par quel art est-on parvenu à confondre dans une seule action deux forces aussi diamétralement opposées?

En résumé, je crois avoir prouvé surabondamment, en ce qui concerne la question principale consistant à déterminer la formation du Lœss, que ces terrains sont des dépôts exclusivement torrentiels; que si on y rencontre quelques matériaux d'origine glaciaire, c'est qu'ils ont été transportés par les torrents.

Quant à la question incidente des blocs erratiques, ils ont pu être déplacés par les glaciers ou par les torrents, pendant toute la durée de ce que j'appellerai leurs aventures. Et à ce propos, j'ai hâte de répondre au dernier argument, lequel paraît surtout avoir vivement impressionné les géologues, et qui est fondé sur la présence dans une vallée de blocs erratiques provenant avec certitude de rochers situés dans une autre vallée souvent très-éloignée. Évidemment, dit-on, les eaux n'ont pas pu faire franchir des chaînes de montagnes à des blocs colossaux et les faire passer d'une vallée dans une autre.

Le raisonnement paraît sans réplique ; je ne désespère pas cependant de le renverser.

Si on admet que, lorsque les blocs ont été transportés, le terrain avait le relief actuel, il est certain que ce transport était impossible; seulement j'ajoute qu'il l'était autant pour les glaciers que pour les torrents. Le glacier pousse toujours sa moraine vers l'aval, mais il lui est absolument impossible, dans ses mouvements de recul, de la faire remonter. Dès lors un glacier ne peut pas plus qu'un torrent transporter un bloc d'une vallée dans une autre.

Il faut donc chercher une autre explication.

Nul ne peut dire quelle est l'origine de ces blocs et à quelle époque reculée on doit faire remonter leur premier déplacement. Les traces d'usure qu'ils portent et que certains d'entre eux montrent aux angles, sans caractère glaciaire, attestent que la surface de la contrée a dû être remaniée bien des fois autour d'eux et subir les plus profondes modifications.

Par leur énorme résistance à l'entraînement, quelle que fût la puissance du moteur, ils n'ont pu subir que des déplacements relativement faibles, pendant que les matériaux plus fragiles étaient facilement entraînés au loin en débris. Qui pourrait dire le nombre de fois qu'ils ont été ensevelis sous des masses énormes de déjections, puis découverts, pendant que les prodigieux changements dont la surface de la terre porte les traces indélébiles s'accomplissaient?

A la page 296, M. Cézanne s'exprime ainsi :

« Les géologues ont reconnu des cônes torren-
« tiels antérieurs à la formation de nos vallées. »

S'il en est ainsi, si nos vallées ont passé par les plus étonnantes transformations, n'est-il pas plus raisonnable d'admettre qu'à l'époque où ces blocs ont été transportés là où nous les voyons, ce lieu était alors compris dans une même vallée avec les montagnes d'où ils proviennent? Et au lieu d'aller chercher une cause étrangère qui n'explique rien, ne serait-il pas plus sage de partir de là pour essayer de reconstruire la topographie du pays de ces temps éloignés?

En ce qui concerne l'exemple cité par M. Cézanne, la conclusion serait que le bassin de Gap, au moment où les blocs erratiques qu'on y trouve y ont été transportés, ne formait qu'une seule vallée avec le Champsaur.

Cette explication me paraît plus simple et plus naturelle que d'aller chercher une force ayant transporté de gros blocs d'une vallée dans une autre. Elle n'a rien qui puisse surprendre, si on veut un peu réfléchir à la grandeur du travail de remaniement qui s'est accompli et qu'atteste le cube gigantesque des dépôts qu'on trouve dans la plaine, que l'on sait avec une entière certitude être sortis des gorges des montagnes.

Le travail de déblai a dû nécessairement exiger une longue série de siècles. Le transport des matériaux n'a pu s'effectuer que lentement et par une série indéfinie d'efforts successifs. La configuration générale du sol n'a pu dès lors que passer par les modifications les plus extraordinaires.

Ce n'est que lorsque le grand travail de déblai et de charroi fut accompli, après l'extinction de la torrentialité, que les eaux, s'écoulant moins chargées de matières et reprenant leur puissance hydraulique, ont creusé définitivement les vallées actuelles sur les points offrant le moins de résistance à l'affouillement.

.. N'est-il pas probable que ces blocs erratiques datent de beaucoup plus loin que cette dernière époque ? N'est-il pas présumable que leur premier déplacement remonte si haut qu'on peut les considérer comme les témoins de toutes ces étonnantes transformations, s'enfonçant de plus en plus à chaque remaniement, ne pouvant jamais remonter et ne subissant chaque fois que de faibles déplacements à raison de leur énorme masse?

Par une dernière citation que je vais faire, M. Cézanne me fournit encore une arme que je retourne contre sa théorie.

Voici ce qu'on lit à la page 342 :

« C'est donc avec une parfaite raison et l'on peut « dire par une intuition du génie, que les illustres « auteurs de la carte géologique de France, « MM. Élie de Beaumont et Dufrénoy, à une

« époque où personne ne pensait à la période gla-
« ciaire, ont rattaché à une même cause et coloré
« de la même teinte ces dépôts étendus au pied
« des Alpes et des Pyrénées, et qu'ils ont appelés
« *les alluvions anciennes de la Bresse.* »

Je m'associe sans réserve à l'hommage rendu aux deux illustres géologues; j'adopte pleinement leur conclusion, et j'espère que je ne serai pas contredit par eux en ajoutant qu'ils ont vu non-seulement une cause unique, mais de plus une action permanente et continue que révèle jusqu'à la dernière évidence la formation régulière et géométrique de ces immenses dépôts.

Mais cette cause, c'est précisément la torrentialité, c'est le phénomène torrentiel seul dont nous avons démontré l'énergie, la permanence et la continuité, tant qu'il reste dans un bassin des matériaux à affouiller et à transporter, et que nous voyons encore à l'œuvre sous nos yeux, là où le travail n'est pas entièrement achevé et sur les points où on a réveillé son énergie par des actes imprudents.

La formation de ces dépôts se conçoit et s'explique par la torrentialité, en l'absence de tout phénomène glaciaire dont le rôle, complétement subordonné, je le répète, ne consiste et n'intervient que comme agent de destruction des roches, au même titre que toutes les autres forces naturelles.

Mais en est-il de même de la force glaciaire ? On est obligé, on l'a vu, de lui associer l'action des torrents, et par là on n'a plus une seule cause, mais deux. De plus, la cause glaciaire est par sa nature et son essence évidemment accidentelle et discontinue, étant subordonnée à des influences de température, et peut-être reliée à des phénomènes astronomiques. De sorte que si l'ère glaciaire était nécessaire pour produire le Lœss, il faudrait admettre une série d'ères glaciaires pour expliquer les immenses dépôts torrentiels plus anciens enfouis à tous les étages géologiques.

Il n'en est point de même de l'ère torrentielle, et je vais plus loin, nous n'avons pas besoin d'admettre une ère de ce nom ; la torrentialité étant une force qui non-seulement s'est manifestée d'une manière permanente et continue : à l'âge historique par les alluvions modernes ; à l'âge géologique par les alluvions anciennes ou Lœss et tous les dépôts enfouis jusqu'aux plus grandes profondeurs ; mais aussi à l'âge cosmogonique et à tous les instants de la vie de la terre, en excerçant une influence même sur le relief du globe.

C'est ce que je me propose d'examiner dans le chapitre suivant.

§ 2. Influence géologique du phénomène torrentiel.

GÉNÉRALITÉS.

Il importe d'abord de bien préciser ce qu'on doit entendre par torrentialité. Généralement on associe cette idée à celle de l'eau.

L'esprit a tant de peine à s'arracher aux impressions qu'il reçoit de l'état présent des choses, qu'il se reporte difficilement vers une situation antérieure du monde soumise toujours, il est vrai, aux mêmes actions élémentaires dont la constance est l'essence même de la conservation de l'univers, mais susceptible de passer par les plus prodigieuses modifications.

L'étude de la nature révèle avec la dernière évidence que l'état de stabilité relative, auquel notre planète est parvenue, n'a été atteint qu'après de longues périodes d'instabilité, de perturbation et de révolution.

Tout atteste que les forces et les agents qui ont présidé à ces transformations, et que nous voyons encore fonctionner, sous nos yeux, avec une énergie qui souvent nous étonne, sont pourtant affaiblies à un point extrême, si on examine le travail cyclopéen qu'elles ont accompli dans le passé.

A ce point de vue, si on ne considère les torrents que sous la forme d'un courant dont l'eau est l'élément principal, il est certain que leur action serait renfermée dans des limites restreintes de la vie du globe. Mais la torrentialité, conçue dans un sens général et élevé, est un caractère et un attribut de tout courant fluide, liquide et même gazeux, qui serait soumis à des variations dans sa fluidité et sa vitesse. Le changement d'état : telle est la cause principale de toutes les modifications et de toutes les perturbations de la force.

Nous voyons encore de nos jours les volcans vomir des torrents de lave, lesquels, sous le rapport dynamique et de la formation de leur cône, se comportent absolument comme les torrents ordinaires.

On peut donc concevoir et admettre que, lorsque la masse du globe était encore tout entière à l'état de fusion ignée, des courants parcouraient cet océan sous l'influence des plus extrêmes variations dans la fluidité et la vitesse, c'est-à-dire de la plus énergique torrentialité.

Après la solidification de la première couche du globe, lorsqu'une atmosphère embrasée, formée de vapeurs d'une extrême densité, versait à flots des matières métalliques ou pierreuses fondues, comme celles qui s'échappent d'un fourneau, et que ce liquide s'épanchait sur la surface en cherchant son équilibre, il devait donner lieu à des phénomènes de torrentialité d'une extrême intensité.

L'eau n'existait pas encore à cette époque primitive; elle n'a pu commencer à se former que lorsque la température se fut suffisamment abaissée pour permettre à l'hydrogène d'entrer en combinaison chimique avec l'oxygène.

De nos jours, l'élément liquide du globe n'est représenté que par l'eau, du moins à la surface, mais c'est là uniquement une question de température et de pression, l'eau étant une roche comme une autre. Sous des températures plus élevées et de plus hautes pressions, une matière quelconque se maintiendra à l'état liquide, entre l'état solide et l'état gazeux.

Tout prouve que toutes les matières dont le globe se compose ont passé successivement par ce triple état : vapeur, liquide, solide, d'après l'ordre de leur résistance à la condensation. Dès lors on conçoit l'élément liquide suivant une progression de transformation d'après l'abaissement graduel de la température. Par exemple, les pluies de mercure n'ont dû commencer que lorsque la chaleur n'était plus que de 350 degrés environ.

A chaque âge, l'élément liquide, répandu sur le globe sous forme de mers, de lacs ou de fleuves, était en rapport avec la masse des matières fusibles dans les conditions de température et de pression atmosphérique du moment.

C'est par une série indéfinie de phénomènes de ce genre que se sont accomplies les évolutions innombrables qui ont amené notre globe à l'état où nous le voyons.

Si on voulait suivre l'action de la torrentialité à travers ces périodes diverses, il faudrait se livrer à un travail qui embrasserait la géologie tout entière dans ses moindres détails.

Tel n'est point mon but aujourd'hui. Conduit, à mon insu et incidemment, à agiter une si grave question dans un simple chapitre par lequel je termine cette étude sur les torrents, je me bornerai à préciser et à expliquer brièvement et aussi clairement que possible l'idée fondamentale de la nouvelle théorie que je soumets à l'appréciation des naturalistes. Si les raisons que j'ai à faire valoir paraissent sérieuses et dignes d'attention, il sera toujours temps de répondre aux objections qui pourraient s'élever.

Les actions auxquelles la matière a été soumise pendant tout le travail géologique sont de trois natures différentes : chimiques, physiques et mécaniques. Les deux premières sont connues d'une manière suffisamment précise, du moins dans leurs lois fondamentales. Le doute et l'incertitude qui existent encore concernent plus spécialement les actions dynamiques qui ont concouru à former les roches et leurs couches avec le relief qu'elles affectent tant à la surface du globe que dans son intérieur.

Nous avons démontré dans les premières parties de ce livre que la torrentialité est un agent mécanique formidable, et de plus qu'il est soumis à des lois mathématiques.

D'après le sens qu'il faut attacher à l'idée de torrentialité, cette force a pu et a dû s'exercer à travers tous les âges géologiques ; il y a donc obligation d'étudier le rôle qu'elle a joué.

Pour mieux suivre l'ordre du phénomène, prenons pour point de départ l'origine cosmogonique du globe, telle que nous la présente l'admirable théorie de Laplace : une nébuleuse annulaire du soleil se brise ; sous l'influence du refroidissement sa masse se condense autour d'un centre d'attraction, prend un mouvement de rotation, affecte la forme globulaire, en obéissant à un mouvement de gravitation autour du soleil.

Suivons les métamorphoses de notre planète ; c'est l'histoire de tout le système planétaire, sauf le degré d'avancement du travail par suite des variations dans l'énergie des actions.

A cet état primitif de nébulosité encore assez raréfiée, les degrés de température s'estiment par milliers et probablement par millions.

Sous l'influence d'un refroidissement continu et accéléré, la condensation s'accentue de plus en plus : de là réduction continue du volume et accélération du mouvement de rotation.

A des températures aussi élevées, aucune action chimique n'est possible. Les affinités sont paralysées. Les substances élémentaires se tiennent en mélange à côté les unes des autres avec une tendance à se classer d'après leur densité, les plus lourdes au centre, ce qui correspond aux conditions d'une plus grande stabilité.

Par l'action du refroidissement et des hautes pressions, une partie de la matière passe à l'état liquide; la masse liquide va en augmentant de plus en plus aux dépens de la masse gazeuse, jusqu'au moment où la première solidification commence à se montrer.

Je ne veux pas ici examiner le point controversé de savoir si la solidification a commencé par le centre en se propageant, ou bien si le centre est resté liquide, voire même en partie gazeux avec une enveloppe solide. J'admets l'opinion généralement reçue que la masse intérieure est restée à l'état de fluide igné, et que la solidification a commencé par la surface.

Au point où nous sommes parvenus, il importe d'abord de fixer les idées sur la forme générale du globe.

FORME DU GLOBE TERRESTRE.

Il faut distinguer entre la forme générale du globe, d'après les grands cercles de la sphère, et les inégalités plus ou moins étendues de la surface.

Occupons-nous d'abord de la première :

Sous l'influence du mouvement de rotation, la terre, à l'état fluide, a dû prendre la forme d'une sphère aplatie aux pôles et renflée à l'équateur ; le calcul et l'expérience le démontrent. Les mesures géodésiques ont bien prouvé l'existence de l'aplatissement aux pôles, qui est d'environ un trois centième. Mais, contrairement aux données théoriques, il paraît aujourd'hui établi que le renflement de la figure est plus fort vers les latitudes moyennes qu'à l'équateur, de sorte que dans les deux hémisphères, vers le quarante-cinquième degré, la courbure paraît appartenir à une sphère dont l'aplatissement au pôle serait du double, ou d'environ un cent cinquantième ; d'où résulterait un aplatissement du méridien dans la région équatoriale.

Ce fait important et beaucoup d'autres qui résultent des variations qu'on a rencontrées en mesurant des arcs du méridien, tant en France qu'en Russie, préoccupent en ce moment le monde savant.

Une idée m'a frappé : cette courbure du méridien correspond exactement à la loi de l'action torrentielle. Dès lors il y a lieu de se demander si elle n'aurait pas exercé une influence.

Quand on soumet une boule liquide à un mouvement de rotation, on constate la forme elliptique avec l'aplatissement caractéristique aux pôles; mais, pendant le mouvement, la masse de la boule tournante reste en équilibre, elle ne se refroidit pas, il n'existe pas autour d'elle une atmosphère capable d'exercer une perturbation dans la stabilité de la masse. L'expérience n'est donc pas absolument concluante; en l'absence de toute cause de perturbation, le renflement se propage en effet sans interruption du pôle à l'équateur.

Il n'en était point de même, lorsque la terre, à l'état fluide, prenait sa forme sphérique ; une atmosphère immense l'enveloppait; de nouvelles masses de matières liquéfiées ne cessaient de se précipiter sur le noyau en formation. L'action, qui a eu pour résultat définitif la figure actuelle, a nécessairement exigé un temps très-long, qu'on ne peut estimer que par milliers de siècles.

Pendant toute la durée de cette action, la masse liquide et la masse gazeuse, en rapport réciproque incessant, ne pouvaient demeurer en équilibre. Qui pourrait s'imaginer les tempêtes qui devaient bouleverser ce double océan? Des courants devaient les parcourir dans tous les sens. Mais il est probable que, de même que nous constatons dans notre atmosphère et dans notre océan des mouvements généraux constants, il devait en être ainsi dans ces temps primitifs.

On peut donc concevoir que, par des causes sinon identiques, du moins analogues à celles qui agissent encore, il devait exister de grands courants atmosphériques et océaniques, les uns équatoriaux, en sens opposé au mouvement de rotation, par conséquent de l'est à l'ouest, les autres se dirigeant de l'équateur vers les pôles.

L'état de perturbation et de violence devait être sans doute constant au milieu de pareils éléments; toutefois on ne peut qu'admettre des intermittences et des variations dans son intensité. A des pluies incandescentes excessives devaient succéder des volatilisations non moins énergiques.

Ces phénomènes devaient se produire avec une plus grande énergie à l'équateur qu'aux pôles : de là un mouvement général de circulation tant atmosphérique qu'océanique.

C'est évidemment dans cet état d'agitation extrême, sous l'influence de la plus énergique torrentialité, et non dans un état de tranquillité, que s'est formée la première croûte du globe.

Cette solidification n'a pas été instantanée; elle s'est faite par des transitions et en passant par l'état pâteux.

La torrentialité a eu le temps d'imprimer son empreinte, tantôt par l'action colmatante sous l'influence du ralentissement, tantôt par l'action affouillante sous l'influence de l'accélération et d'un accroissement de fluidité.

On cherche une action soulevante pour expliquer tous les gonflements du sol et ses dépressions ; mais le caractère propre de la torrentialité est précisément de se manifester par une action soulevante.

Je présenterai plus loin quelques observations au sujet de la théorie des soulèvements fondée sur l'action du feu central; mais dès maintenant nous pouvons remarquer qu'entre deux systèmes, dont l'un suppose une action soulevante après la formation de la croûte, et dont l'autre explique le gonflement au moment même où la croûte se formait, et par le seul jeu des forces en action, la rationalité et les probabilités sont en faveur de ce dernier.

Les grands courants généraux, se dirigeant de l'équateur vers les pôles, ont dû influencer la courbure du méridien. D'après les lois que nous avons établies, la courbe torrentielle présente une convexité, dont le maximum de courbure coïncide avec le point du maximum du ralentissement. Dès lors les courants se détachant du grand courant équatorial ont dû subir en se déviant un ralentissement, dont le maximum n'était atteint qu'à moitié chemin environ du pôle. Là serait la cause de cet excès de courbure dans ces latitudes. A partir de ce point, et en vertu des mêmes lois, l'aplatissement a dû se propager vers le pôle, et même, en approchant de ce point, la courbure a pu changer de sens, en passant de la convexité à la concavité. D'où résulterait, à chaque pôle, une espèce de pointe formant le point d'intersection de toutes les concavités méridiennes.

Les inégalités de la surface du globe n'ont relativement pas plus de valeur que les rides, les ravines et les dépressions qu'on constate sur le cône de déjection des torrents.

De même que sur ces cônes les plus grandes inégalités se montrent à la partie supérieure, on peut constater que c'est aussi dans les régions intertropicales, d'où sont supposés être partis les grands courants, qu'on rencontre les protubérances les plus élevées du globe. Dans les régions polaires, la surface est mieux nivelée.

Les grands courants latéraux, en se détachant du grand courant équatorial, n'ont pu former qu'un angle d'inflexion aigu; et dès lors ils n'ont pu prendre à leur point de départ la direction sud-nord, leur direction générale devant tendre vers le nord-ouest; mais ils ont dû être inclinés ensuite au nord par l'influence du mouvement de rotation.

C'est en effet la direction générale que paraissent suivre les grandes chaînes de montagnes qui seraient, selon notre hypothèse, le produit solidifié de ces grands courants.

Il existe un moyen de vérification de cette théorie, dont la mise en pratique n'est pas aisée, mais qui est théoriquement exact.

Si le renflement dont il s'agit est un effet de la torrentialité, s'il ne représente pas une bosse accidentelle, à partir de ce point intermédiaire, l'aplatissement doit se propager régulièrement dans la direction de l'équateur aussi bien que dans la direction du pôle. Si les mesures géodésiques venaient à confirmer ce fait, il n'existerait plus aucun doute.

Le phénomène torrentiel a dû varier d'intensité sous l'influence des crues excessives et des crues moyennes résultant des variations dans l'intensité des pluies.

A chaque âge géologique, le phénomène dans ses variations a eu une énergie maxima qui est allée en s'affaiblissant, à mesure que, par la progression du refroidissement, l'atmosphère se dépouillait de plus en plus.

Les plus hautes protubérances sont toujours des effets des crues maxima. Les dépressions, au contraire, marquent un état d'affaiblissement de la force torrentielle.

Dès lors, en mesurant un arc de méridien, on doit suivre la courbe qui relie les points culminants du sol, si l'on veut avoir la représentation de la véritable figure extérieure du globe, absolument comme sur un cône de déjection, lorsqu'on néglige de tenir compte des dépressions pour avoir son relief exact.

On sait, d'après les différences qu'ont accusées

les mesures prises jusqu'à ce jour, quelles sont les immenses difficultés que présentent ces grandes opérations géodésiques.

La vérification est moins difficile pour les courbes de moindre importance que les grands cercles, engendrées toujours par la même action.

Pendant que la croûte terrestre s'épaississait, par la liquéfaction d'abord, puis la solidification successive des matières contenues dans l'atmosphère jusqu'au moment où celle-ci est devenue légère et transparente comme nous la voyons, le phénomène torrentiel n'a cessé d'agir; il est l'agent mécanique qui a pétri les minéraux en leur donnant la structure, qui les a distribués sur la surface du globe avec la disposition que nous leur connaissons par couches superposées, horizontales ou inclinées.

L'eau est le dernier élément qui se soit liquéfié. L'*âge de l'eau* marque le dernier terme de la torrentialité, après lequel la stabilité de la surface du globe est acquise. Ce n'est toutefois qu'après de terribles convulsions que cet élément liquide par excellence, doué d'une puissance colmatante moins grande que les liquides antérieurs, mais d'une puissance d'affouillement et de démolition d'autant plus grande, a pu se concentrer et s'amasser dans de vastes dépressions et former l'Océan. Il faut concevoir que la combustion de l'hydrogène qui a produit la masse totale de l'eau n'a pas été instantanée; qu'elle a exigé un temps très-long; que la précipitation du liquide sous forme de pluie a subi des variations entre des termes extrêmes, ce qui explique les déluges successifs, et le dernier de tous provoqué, selón toute probabilité, par un refroidissement plus subit, qui coïnciderait avec la formation des glaciers.

J'esquisse à grands traits cette histoire géologique sans m'arrêter, uniquement préoccupé de dégager l'action torrentielle au milieu de ces étonnantes transformations et son influence sur la configuration du sol.

Par rapport aux dimensions de la terre, les inégalités de la surface n'ont qu'une faible valeur relative, mais de plus ces inégalités sont moins étendues qu'on n'avait lieu de le supposer d'après l'état montagneux d'une grande partie de l'Europe.

L'action nivelante s'est fait sentir sur la plus grande partie de la surface continentale.

L'illustre Humboldt, dont le génie et les travaux ont jeté de si vives lumières sur la géographie physique, nous montre, dans ses admirables tableaux de la nature, quelle est l'immensité des steppes et des déserts. Je lui emprunte cette description de la steppe :

« L'aspect de la steppe contemplée de loin est d'au-
« tant plus frappant que, dans l'épaisseur des bois,
« on a été longtemps habitué à cet horizon étroit
« et à la vue d'une nature richement parée. Rien
« jamais n'effacera l'impression que me causèrent
« les llanos, lorsque, après avoir exploré la partie
« supérieure de l'Orénoque, nous la revîmes à une
« grande distance, du haut d'une montagne située
« au confluent de l'Apure et de l'Orénoque, non
« loin de Hato del Calpuchino. Le soleil venait de
« se coucher, la steppe paraissait arrondie comme
« un hémisphère ; la lumière des astres, qui com-
« mençait à paraître, se réfractait dans les cou-
« ches inférieures de l'air. »

Ce fait d'un gonflement géométrique sur des immensités n'est pas rare, il existe en Europe; mais c'est surtout en Amérique, en Asie et en Afrique qu'il se révèle par des déserts et des steppes à des hauteurs variables au-dessus de l'Océan, et accompagné souvent de dépressions immenses au-dessous de ce niveau. Ce sont de véritables ondulations, d'abord d'une amplitude immense, se subdivisant en ondulations de plus en plus faibles.

Il existe de vastes régions nivelées même à de grandes altitudes ; on les appelle des plateaux, ils forment comme des étages successifs. Mais ce qu'il y a de remarquable, c'est que partout la loi du gonflement paraît soumise à la même loi géométrique, parfaitement semblable à celle qui régit le gonflement des dépôts torrentiels.

Quand on suit Humboldt dans ses voyages d'exploration, on est frappé de la profondeur de sa puissance d'observation et de sa sagacité dans la pénétration des secrets de la nature. Il observe tout; rien ne lui échappe. Il s'est surtout préoccupé de la géographie physique. Partout il se rend compte de la configuration du sol en prenant des profils hypsométriques ; et on est frappé de la ressemblance qui existe entre ces profils et les profils torrentiels.

Il est regrettable que ce grand naturaliste n'ait pas eu la prescience de l'action soulevante du phénomène torrentiel. Mais alors ces renflements singuliers ne paraissaient pouvoir être attribués qu'à des soulèvements de la croûte terrestre après sa formation, par une force centrale.

Entre les faits si nombreux constatés par Humboldt, je n'en citerai qu'un seul qui les résume tous.

Je le laisse parler :

« Les cartes et les explorations géographiques de « Frémont embrassent l'immense contrée qui s'é« tend depuis le confluent du Kansas et du Missouri « jusqu'aux chutes du Rio-Colombia et aux missions « de Santa-Barbara et de Puebla de los Angeles « dans la Nouvelle-Californie. Cet espace comprend « 28 degrés de longitude ou 340 milles géogra« phiques, et va du 34° au 45° degré de latitude « nord. Quatre cents points différents ont été dé« terminés à l'aide de mesures barométriques, et « le plus souvent aussi astronomiquement ; de telle « sorte que depuis l'embouchure du Kansas jusqu'au « fort Vancouver et aux côtes de la mer du Sud, on « a pu représenter en profil, au-dessus de la surface « de la mer, une étendue de pays qui, en tenant « compte des sinuosités de la route, ne va pas à « moins de 900 milles géographiques, 180 milles « par conséquent de plus que la distance de Madrid « à Tobolsk. Les projections en demi-perspective « que l'abbé Chappe a rapportées de son voyage en « Sibérie ne reposent que sur de simples observa« tions, la plupart du temps fort erronées, de la « pente des rivières ; et je crois avoir entrepris le

« premier de représenter en profils géognostiques « la configuration de vastes contrées, telles que la « péninsule ibérique, le plateau du Mexique et « les cordillères de l'Amérique méridionale. C'est « par cela même pour moi une très-vive jouissance « de voir l'application la plus large possible de la « méthode graphique, qui consiste à représenter « verticalement la configuration de la terre et à « mesurer l'élévation de l'élément solide au-dessus « de l'élément liquide. Sous les latitudes moyennes « de 37 à 43 degrés, les Rocky Mountains pré- « sentent, outre leurs grandes cimes neigeuses qui « peuvent être comparées pour la hauteur au pic « de Ténériffe, de hautes plaines d'une telle éten- « due qu'on aurait peine à en trouver de sembla- « bles sur le reste de la terre. Ces plaines occupent « en longueur, de l'est à l'ouest, un espace presque « double de celui du plateau mexicain. Depuis la « chaîne de montagnes qui commence un peu à « l'ouest du fort Haramie et se prolonge jusqu'au- « delà des Wahsatch Mountains, s'étend sans inter- « ruption un gonflement du sol, haut de cinq à « sept mille pieds au-dessus du niveau de la mer, « qui remplit aussi tout l'intervalle compris entre « les montagnes rocheuses proprement dites et la « chaîne côtière de la Californie, depuis le 34e jus- « qu'au 45e degré de latitude. Cet espace paraît « former une large vallée longitudinale semblable

« à celle du lac Titicaca, et a été nommé par le « capitaine Frémont et par le voyageur Joseph « Walker qui a exploré avec un grand soin les con- « trées occidentales, *the great Basin*. C'est une terre « inconnue de plus de 5,700 myriamètres carrés, « aride, presque inhabitée. . . . .

. . . .

. . . .

. . . .

« Je m'arrête à dessein sur les considérations « que fait naître ce singulier gonflement du globe « dans la région des Rocky Mountains. Bien que « le partage des eaux soit à peu près à la même « hauteur que le défilé du Simplon élevé de 6,170 « pieds et du grand Saint-Bernard situé un peu « plus haut, à 7,476 pieds, la pente est tellement « ménagée et si peu sensible qu'elle ne met aucun « obstacle au mouvement des chariots et des voi- « tures de toute espèce, entre le bassin de l'Orégon « et celui du Missouri, entre les États atlantiques et « les nouveaux établissements fondés sur les bords « de l'Orégon ; enfin entre les côtes qui font face « à l'Europe et celles qui regardent la Chine. La « distance qui sépare Boston de l'ancienne Astoria « sur la mer du Sud à l'embouchure de l'Orégon, « est en droite ligne de 550 milles géographiques ; « elle est par conséquent d'un sixième plus petite

« que la distance de Lisbonne à l'Oural près de « Catharinembourg. Cette pente si douce qui con- « duit du Missouri en Californie et au bassin de « l'Orégon, rend très-difficile à déterminer le « point culminant où s'opère le partage des eaux.

« Adolphe Erman a déjà signalé ce fait remar- « quable que les grandes chaînes des monts Aldan, « qui séparent dans l'Asie centrale le bassin de « Léna des fleuves qui vont se jeter dans le grand « Océan, iraient, si elles étaient prolongées, tra- « verser plusieurs sommets des Rocky Mountains, « entre 40° et 55° de latitude; une chaîne d'Amé- « rique, dit-il, et une chaîne d'Asie ne paraissant « être que des parties d'une même crevasse brus- « quement interrompue. »

Je m'arrête : je pourrais multiplier les citations et les faits tendant tous à prouver : 1° le nivellement de la surface du globle sur d'immenses étendues ;

2° Le gonflement caractéristique qu'offrent ces plateaux, à quelque hauteur qu'ils soient placés au-dessus de l'Océan, et leur figure géométrique conforme à celle des grands dépôts torrentiels tels que le Lœss et les deltas.

Dans l'étude des lois des dépôts torrentiels, nous avons constaté leur analogie avec celles qui règlent le travail, au moyen de la brouette de Pascal, et je suis frappé de ce trait cité plus haut par Humboldt que les pentes du grand plateau américain sont si douces et si bien réglées que les voitures de toute espèce le parcourent sans difficulté.

La remarque d'Adolphe Erman confirme ce que j'ai déjà dit, que la mesure des grands cercles doit être prise en reliant les points culminants du globe, si on veut avoir la véritable figure extérieure engendrée par les grands courants.

Ce gonflement n'affecte pas seulement les plateaux de première grandeur, mais tous les plateaux même les plus petits. On ne trouve nulle part, sur toute la surface du globe, un fragment de plaine parfaitement horizontal ; toujours et partout on constate soit un gonflement, soit une dépression, réglés par la loi géométrique torrentielle, que je résume ainsi : *Lorsque la pente croît dans un sens, la variation de la pente décroît dans le même sens.* Si on sait tenir compte des inégalités accidentelles, on constatera la vérification de cette loi fondamentale qui est diamétralement opposée à celle qui règle les profils créés par l'action de l'eau. Ce sera la preuve mathématique de l'exactitude de cette théorie géologique.

Cette courbe n'est pas difficile à rencontrer; on la foule aux pieds partout, même dans le bassin de la Seine. Toutes ces ondulations du sol si bien ménagées, ces contours gracieux qu'on dirait dessinés et modelés par les mains d'un artiste, sont l'œuvre de la torrentialité, on peut s'en assurer en vérifiant leurs profils.

Cette concordance entre la figure du globe, la configuration du sol et les lois torrentielles, est déjà une forte présomption; mais si cette action mécanique a joué un tel rôle, elle a dû se manifester aussi sur la composition des roches et des couches géologiques. C'est en effet ce que révèle l'étude de ces formations et qui est de nature à donner aux probabilités qui entourent la théorie torrentielle les caractères de la certitude, en satisfaisant aux conditions que M. Faye impose aux hypothèses :

« On pourrait, ce me semble, dit le savant astro-
« nome (1), distinguer en deux classes les hypo-
« thèses : celles qui procèdent d'une sorte de divi-
« nation et celles qui naissent du raisonnement
« appliqué à un sujet donné. L'histoire des sciences

(1) Comptes-rendus, t. LIII, p. 259.

« nous montre que les premières aboutissent rare-
« ment à la vérité. Quand elles se présentent à
« l'esprit, c'est en général que l'esprit n'a réussi
« à se concentrer que sur le fait lui-même qui le
« préoccupe ; lorsqu'il suit l'autre marche, c'est
« qu'il a réussi à entrevoir des rapports entre ce
« fait et d'autres phénomènes plus ou moins éloi-
« gnés. Sans doute le génie supprime souvent les
« intermédiaires et arrive au but sans laisser voir
« d'abord le chemin franchi ; mais bientôt, avec
« de la réflexion, quand on a sous les yeux le point
« de départ et celui d'arrivée, on rétablit la mar-
« che qu'il a dû suivre, quelquefois à son insu.
« Cette sorte de restitution sert à son tour d'exem-
« ple, de guide, de méthode aux simples travail-
« leurs qui, comme moi, se posent un problème
« difficile avec le vif désir d'arriver aussi à la vérité.
« Mais de quelque manière qu'on s'y prenne, par
« une intuition rapide ou par un raisonnement
« lent, il faut avoir constamment devant les yeux
« cette condition générale sinon absolue : l'hy-
« pothèse à laquelle on se trouve conduit doit
« être susceptible d'une vérification expérimen-
« tale. »

Toutes les roches sont des corps composés; nulle part on ne trouve une roche formée absolument d'une seule substance élémentaire.

Lorsqu'on examine une roche quelconque, on constate qu'elle est le produit non-seulement d'actions chimiques et physiques, mais aussi d'une action mécanique.

Pendant toute la durée de l'incandescence de l'atmosphère, et sous l'action continue du refroidissement, les combinaisons des éléments ont dû varier à l'infini dans ce laboratoire qui devait avoir quelque chose d'infernal.

Les diverses substances se sont liquéfiées successivement, et chacune à son tour a servi de ciment pour agglomérer les matières solidifiées antérieurement.

PREUVES DE LA THÉORIE TORRENTIELEE TIRÉES DE LA COMPOSITION DES ROCHES ET DE LEUR POSITION.

Toutes les roches sans exception présentent cet aspect que l'une des substances cimente toutes les autres en les empâtant, ce qui prouve qu'elle était à l'état liquide au moment où la roche s'est formée.

Le degré de dureté de la roche est en proportion de la densité de ses éléments et des pressions subies.

Cette loi générale de composition des roches est conforme à la théorie cosmogonique exposée plus haut, et elle prouve que réellement chaque substance a représenté à son tour l'élément liquide.

Si on examine ensuite toutes les roches de même nature correspondant à une même formation géologique, on constate d'un côté la constance des caractères fondamentaux, de l'autre la plus extrême confusion dans la combinaison des éléments.

Tout prouve que ce n'est pas dans un état de tranquillité et au milieu d'une mer immobile que se sont formées ces roches d'un même âge ; leur structure révèle un état de confusion et de dispersion extrêmes de la matière que la torrentialité seule peut expliquer.

La vie organique présente, suivant les climats et les latitudes dans les diverses parties de la terre, les plus merveilleuses modifications. Il n'en est point de même en ce qui concerne le monde inorganique. Partout, sur toute la surface du globe, on constate la plus grande uniformité dans la nature des roches et dans leur manière d'être. Ce n'était pas un des moindres étonnements de Humboldt de retrouver dans les déserts du Nouveau Monde nos schistes, par exemple, avec tous leurs caractères et à la même place relative dans l'ordre des couches.

Moi-même, en parcourant la partie des Alpes la plus ravagée par les torrents en compagnie de l'honorable directeur des forêts de l'Inde anglaise, j'ai été témoin de l'étonnement que lui causait la ressemblance parfaite de la contrée que nous visitions avec l'Himalaya. A chaque pas, au bord des gorges les plus profondes et les plus dévastées : C'est l'Himalaya! s'écriait-il. Figurez-vous que vous êtes en plein Himalaya!

Eh bien, en présence de ce double fait, d'une part la permanence des caractères généraux des formations de chaque âge sur toute la surface du globe, de l'autre l'extrême variabilité qui existe dans les combinaisons qui ont réuni et mêlé tant d'éléments différents dans des proportions variant à l'infini, on peut conclure à un état de perturbation et de torrentialité dans l'élément liquide au sein duquel se sont accomplis ces phénomènes.

Pendant la durée incalculable de ce travail, à travers tous les âges géologiques, la torrentialité apparaît comme le manœuvre chargé de gâcher, de pétrir le mortier et de le porter avec les moellons là où ils sont nécessaires à la construction de l'édifice.

C'est la même tâche qu'il accomplit encore sous nos yeux, avec cette différence que, dans les temps antérieurs, sous les influences d'une haute température et de la loi du refroidissement, à l'action mécanique s'en joignaient d'autres, chimiques et physiques, dont il est impossible de se rendre compte d'une manière absolue.

Il fait encore des poudingues d'une grande dureté, dans lesquels les éléments sont visiblement distincts; mais il ne pourrait plus former, dans l'état actuel des forces naturelles, ces brèches tellement compactes qu'il est souvent presque impossible de distinguer le ciment des fragments de roche anguleux qu'il a fondus en un seul bloc.

Nous pouvons donc conclure que la composition des roches, qu'elles soient cristallines, métamorphiques, bréchiformes ou stratiformes, confirment l'action de la torrentialité.

Tout ce que nous venons d'établir n'a rien de contradictoire avec la célèbre théorie des soulèvements de M. Élie de Baumont. Rien ne s'oppose à ce que la croûte terrestre ait été soulevée, crevassée, bouleversée, par la force centrale, pendant que la torrentialité poursuivait son œuvre à la surface.

Cependant, comme l'argument le plus sérieux, invoqué en faveur de la théorie des soulèvements, est fondé sur la disposition des couches sur les deux versants des chaînes de montagnes, présentant une série identique de terrains d'âges différents, symétriquement relevés de chaque côté de l'axe de la crête formée de roches cristallines, je crois devoir faire observer que cet effet peut encore s'expliquer par l'action de la torrentialité sans aucune intervention du soulèvement.

Partant de ce point de vue que ces couches ont formé d'abord des dépôts horizontaux au fond d'une mer, et les voyant actuellement séparées sur deux versants opposés, on devait être en effet porté à penser qu'elles se rejoignaient autrefois, en ne formant qu'un seul dépôt horizontal, et que leur séparation et leur redressement sont dus à une fracture.

L'erreur provient de l'hypothèse de l'horizontalité primitive du dépôt. L'expérience prouve qu'un liquide visqueux, surtout s'il est parcouru par des courants, dépose les matières tenues en suspension non en couches horizontales, mais en couches qui se collent à toutes les parois du bassin en dessinant leurs inflexions.

J'ai pu constater ce fait par mes expériences de colmatage.

Une branche d'un torrent en pleine crue, dont l'eau était d'un noir très-foncé par suite de l'énorme quantité d'argile de cette couleur entraînée, était répandue sur la surface du sol à colmater, en parcourant divers bassins avec des vitesses très-inégales. Chaque fois qu'on mettait à sec, on constatait que les dépôts n'étaient nullement horizontaux, mais qu'ils dessinaient la forme des bassins avec leurs moindres aspérités, même sur les talus les plus inclinés.

Rien n'est plus facile que de reproduire ces expériences sur les bords de l'un des grands torrents des Alpes. Je les ai suivies, pour mon compte, avec la plus vive curiosité pendant plusieurs années et avec la plus sérieuse attention, au point de vue géologique. J'avais pour ainsi dire sous les yeux, sur une échelle infiniment réduite, les mêmes phénomènes qui avaient dû se manifester en grand lors de la formation des terrains sous l'influence de la torrentialité, et j'étais frappé des analogies que je remarquais.

Les couches se déposaient sur les pentes les plus roides ; ensuite, par la dessiccation et le retrait, ces dépôts se crevassaient dans tous les sens ; les couches brisées subissaient des mouvements de contorsion de toute espèce.

Dès lors, n'est-il pas permis de supposer qu'un phénomène analogue a pu s'accomplir pour les couches géologiques ? Si on admet que les arêtes cristallines émergeaient comme des îles de cette mer où les dépôts se formaient, ceux-ci ont dû se disposer symétriquement et au même niveau sur les deux versants et dans des conditions identiques.

Le liquide de ces temps antérieurs était d'une viscosité extrême, supérieure à celle de nos torrents dans leurs plus fortes crues.

Tout prouve également que l'intensité du phénomène torrentiel est allée sans cesse en s'affaiblissant, et qu'il a dû agir avec la plus grande énergie à l'époque où se formaient les terrains qui nous préoccupent.

Dès lors le fait géologique dont il s'agit s'explique sans qu'il soit nécessaire de faire intervenir le soulèvement.

Si celui-ci ne se justifie pas par la nécessité, que reste-t-il en sa faveur? les éruptions volcaniques et les mouvements apparents du sol, lequel paraît s'abaisser et se relever sur divers points du globe, notamment sur les côtes de la Scandinavie et du Chili.

Je dis mouvements apparents, car il m'est impossible de dissimuler un doute qui m'assiége à ce sujet. Est-on bien sûr des profils de la surface de la mer et de leur invariabilité?

Laplace a relevé l'erreur des géomètres qui avaient toujours supposé que l'attraction s'exerçait instantatément, tandis qu'en supposant à sa propagation une certaine durée, il devait nécessairement en résulter une inégalité ou équation séculaire à l'égard du mouvement lunaire. Dès lors, sans vouloir ici faire de l'astronomie plus qu'il ne faut, n'est-il pas permis de supposer que les rapports réciproques entre la terre et son satellite se règlent, indépendamment des actions diurnes, par des oscillations séculaires qui peuvent et doivent nécessairement influencer les profils mobiles de la mer?

Laplace a démontré la stabilité de l'Océan, pourvu que sa densité fût inférieure à la densité moyenne du globe. Or nous savons que celle-ci est de 5, 5, par conséquent supérieure même à celle de toutes les roches que nous connaissons. La stabilité de l'Océan est donc assurée, mais la stabilité se concilie avec des oscillations exactement équilibrées; je dirai plus : la stabilité de l'univers tout entier est fondée sur un état de balancement universel séculaire contenu dans des limites fixes.

Il ne m'est donc pas démontré que ce soit le niveau de l'élément solide qui varie plutôt que celui de l'élément liquide.

Quant à la force d'éruption proprement dite qui se manifeste par les volcans, elle est distincte de la force de soulèvement. Au point de vue du travail, la force dépensée dans la plus extrême éruption volcanique n'est qu'un infiniment petit à côté de celle qui serait nécessaire pour soulever un continent.

Malgré les éruptions les plus violentes, et pendant une longue suite d'années, on n'a jamais vu varier le niveau du sommet des montagnes qui sont le siége des volcans. Saussure et Humboldt, préoccupés de cette question, ont mesuré le Vésuve à différentes reprises sans jamais constater la moindre variation de niveau.

En résumé, du moment où par la torrentialité on peut expliquer tous les phénomènes géologiques, on est logiquement conduit à penser que la théorie des soulèvements, considérée comme cause générale des grands phénomènes géologiques, ne peut être accueillie qu'avec la plus grande réserve.

Les moyens de contrôle d'une théorie indiqués par M. Faye ne manquent pas à la théorie torrentielle. Je ne puis cependant résister au désir, en terminant cette étude sur les torrents, de signaler à l'illustre astronome un autre moyen de vérification que, mieux que personne, il est en état d'apprécier, et qui se rapporte précisément à cette grande question de la constitution physique du soleil, objet des débats si élevés et si intéressants auxquels il prend une part si brillante.

TORRENTS SOLAIRES.

L'astre que nous avons le plus d'intérêt à connaître, puisqu'il est la source de chaleur et de lumière qui vivifie la terre, est l'objet des plus légitimes et des plus ardentes recherches.

Depuis que la merveilleuse découverte de l'analyse spectrale est venue joindre sa puissance à celle de l'observation directe et du calcul, la connaissance de la constitution physique du soleil et des astres en général a fait d'immenses progrès.

On est parvenu à constater dans le soleil l'existence de la plupart des corps qu'on trouve sur la terre, tels que le sodium, le fer, le magnésium, le cuivre, le zinc, le barium, le potassium, l'aluminium, etc., etc., et la non-existence des métaux précieux, tels que l'or et l'argent.

Tout tend à prouver que les astres doivent être le siége de phénomènes géologiques et météorologiques analogues à ceux qui se passent sur la terre, sauf la différence de l'échelle d'après laquelle ils se produisent et des phases auxquelles chaque astre est parvenu.

Si le système cosmogonique généralement adopté est vrai, tous les astres ayant une origine commune doivent passer par les diverses phases résultant de la loi du refroidissement, avec la même série de phénomènes que nous avons constatés sur la terre. Toutes choses égales, les corps les plus petits se refroidissent le plus vite.

Tel paraît être en effet l'état de notre système planétaire. Neptune et Uranus seraient encore à l'état gazeux. Dans Saturne et Jupiter, la condensation aurait déjà produit un noyau liquide. Pour les trois astéroïdes Mars, Vénus et Mercure, la condensation plus avancée a produit, on le sait avec certitude, une couche solide caractérisée par un relief montagneux très-accentué. Quant au satellite de la terre, le refroidissement serait déjà tel que ce ne serait plus qu'un corps mort.

Le soleil, qui est le centre du système, est formé d'un noyau liquide, peut-être même avec un commencement de solidification, et entouré d'une atmosphère, en entendant par ce mot, non une enveloppe gazeuse transparente comme la nôtre, mais une série de couches de vapeur, telles que celles qui devaient envelopper le noyau terrestre, lorsque notre globe traversait la phase cosmogonique correspondant à la phase actuelle du soleil.

Cela étant, si la torrentialité, considérée comme agent mécanique, a joué sur la terre le rôle prépondérant que je lui ai attribué, elle doit manifester son action sur les autres globes d'après les phases géologiques qu'ils traversent.

Dans tout l'univers physique, des forces identiques s'exercent d'après les mêmes lois. Et c'est par l'étude comparée de ces phénomènes, sur la terre et dans les astres, qu'on peut arriver à acquérir des notions exactes.

La surface du disque solaire n'est pas dans un état d'immobilité; on y constate au contraire avec une grande précision des variations qui se manifestent par des points brillants et des points noirs qu'on appelle des taches. Il est bien entendu que je parle des taches adhérant à la photosphère et nullement des flammes qui s'élèvent à des hauteurs prodigieuses au-dessus de la chromosphère. On constate que ces modifications correspondent à de grands mouvements de la matière solaire. Plusieurs systèmes ont été tour à tour proposés pour expliquer ces phénomènes. Les seules actions chimiques paraissent insuffisantes. Les cyclônes atmosphériques et les éruptions produites par l'action du noyau central n'en donnent que très-imparfaitement raison. N'y aurait-il donc pas lieu d'examiner s'il n'existerait point là encore une manifestation de l'action torrentielle? L'idée me paraît réunir en sa faveur les plus grandes probabilités. Je n'aurai certes point la prétention de discuter à fond une si grave question; je ne suis pas d'ailleurs dans des conditions à en faire l'objet d'une étude spéciale, c'est une simple idée qui se rencontre sur ma route et que j'émets avec toutes les réserves possibles.

Ce qui m'a frappé surtout, c'est que les taches brillantes marquent des protubérances dans la photosphère et les taches noires d'immenses dépressions.

Le passage des points brillants aux points noirs se fait par des variations de pénombre qui démontrent que la surface de la photosphère présente d'immenses ondulations composées de convexités et de concavités, qui sont précisément les conditions de la courbe engendrée par le phénomène torrentiel.

Tous les faits constatés tendent à établir qu'au milieu des plus grandes diversités accidentelles, le phénomène conserve toujours des caractères généraux invariables. Les taches noires et les protubérances sont étroitement unies dans leurs relations; elles se montrent de préférence dans une certaine zone, entre l'équateur et les pôles, ne dépassant pas le 40me degré de latitude.

Tout porte donc à croire qu'absolument comme à l'époque correspondante sur notre globe, concurremment avec toutes les actions chimiques, physiques et météorologiques qui n'ont rien de contradictoire, la surface solaire est parcourue par des courants circulatoires soumis, par suite des variations dans le degré de fluidité et la vitesse, à une énergique torrentialité, cause de ces immenses ondulations de la surface; d'où résulteraient, par suite des variations de la force, des variations correspondantes dans la luminosité.

Les protubérances, étant un effet du ralentissement de la vitesse du courant, doivent nécessairement dégager une plus grande masse de faisceaux rayonnants de chaleur et de lumière. Le contraire doit se produire pour les dépressions qui correspondent à une accélération de la vitesse.

Par des causes, les unes constantes, les autres variables, on peut admettre que ce vaste système de circulation de la matière solaire se compose de courants les uns réguliers, probablement équatoriaux ou allant de l'équateur vers les pôles, les autres dérivés des premiers et divaguant dans toutes les directions.

Si cette théorie était reconnue exacte, elle donnerait aussi une meilleure explication de l'entretien de la chaleur solaire que par les actions chimiques ou météoriques. La transformation de la force vive en chaleur et en lumière est en effet la seule source capable de rendre compte de l'origine et de la merveilleuse constance de la chaleur solaire, comme aussi de cette prodigieuse quantité de corps lumineux par eux-mêmes qui peuplent l'espace.

Le caractère essentiel de la torrentialité gît précisément dans ces variations incessantes et régulières de la force. L'état de ralentissement d'un courant est une cause continue d'absorption de force vive. Nous avons vu que le ralentissement comme l'accélération peuvent suivre des lois de variation ascendantes ou descendantes. Le maximum d'intensité lumineuse doit donc correspondre au maximum du ralentissement, comme aussi le minimum de cette intensité doit correspondre au maximum de l'accélération.

Sous l'influence du mouvement de rotation, des contre-courants inférieurs doivent venir remplacer à l'équateur les masses entraînées par les courants, ce qui doit mettre en rapport incessant l'intérieur du noyau avec la surface et alimenter indéfiniment cette prodigieuse diffusion de chaleur et de lumière que le soleil répand dans l'espace.

Cette théorie, en complet accord avec la cosmogonie de Laplace, a de plus, sur toutes les autres hypothèses, l'avantage d'expliquer à la fois les taches et la chaleur solaire. J'ai le ferme espoir qu'elle résistera à toutes les épreuves auxquelles elle pourra être soumise.

La segmentation des taches peut s'expliquer par des bifurcations des courants.

Leur concentration dans une certaine zone voisine de l'équateur se justifie aussi. Nous savons en effet que la perturbation torrentielle se traduit par des variations dans la pesanteur, et comme celle-ci va en croissant vers les pôles, il en résulte que l'action soulevante doit avoir nécessairement plus d'énergie dans les régions équatoriales.

Enfin, jusque dans la périodicité constatée du phénomène des taches, on trouve une concordance avec la périodicité, non moins incontestable, du phénomène torrentiel.

ÉPILOGUE

Ainsi, la torrentialité, cette force révolutionnaire qui a accompli sur la terre une si grande fonction créatrice, serait encore la cause de phénomènes plus étonnants dans le soleil et dans tout le monde sidéral. Quelle éclatante démonstration de la simplicité et de l'unité du plan de l'univers !

Je ne pousserai pas plus loin cette étude, je crains déjà de n'en avoir que trop franchi les limites naturelles.

J'ai hésité, je l'avoue, à émettre des idées dont je ne méconnais pas le caractère audacieux : méditées au bord des torrents et des glaciers, en face des plus grandes scènes de la nature et intimement liées, comme tout ce qui tient à la création, à des conceptions métaphysiques dont je fais grâce au lecteur.

Les convictions l'ont emporté sur la crainte de céder à un entraînement torrentiel, et quel que soit le jugement qui sera porté sur ce livre, j'espère qu'à défaut d'autre mérite, on lui reconnaîtra celui d'une louable intention.

FIN

TABLE DES MATIÈRES

Pages

INTRODUCTION 1

PREMIÈRE PARTIE.

LOIS DE L'ENTRAINEMENT ET DU DÉPOT DES MATIÈRES. — NOTIONS PRÉLIMINAIRES.

§ 1. Période de la stabilité du lit. 19
§ 2. Période de l'entraînement des matières. 24
§ 3. Des variations de la vitesse. 30
§ 4. Lois du dépôt des matières. 39
§ 5. Lois de la viscosité et de la densité. 48

DEUXIÈME PARTIE.

ÉTUDE DES TORRENTS.

§ 1. Définition des torrents. 67
§ 2. Le bassin de réception. 72
§ 3. Cône de déjection. — Des diverses natures de crues et de leur action. 83
§ 4. Figure géométrique du cône de déjection. 90

Pages.
§ 5. Loi d'accroissement du cône de déjection. 100
§ 6. Explications de certains effets des torrents. 104
§ 7. Ce qui se passe au moment de l'extinction. 108

TROISIÈME PARTIE.

EXTINCTION DES TORRENTS.

§ 1. Position de la question. 111
§ 2. Action des forêts 114
§ 3. Action du gazon. 123
§ 4. Théorie des barrages. 130
Barrages de retenue. 131
Labyrinthe de retenue. 137
Barrages de consolidation. 139
Des dérivations. 151
§ 5. Plan d'extinction 158
Vue du torrent de Sainte-Marthe. 163

QUATRIÈME PARTIE.

GRANDS COURS D'EAU.

Position de la question. 165
§ 1. Le phénomène torrentiel dans les grands cours d'eau. . . 168
§ 2. Plan d'opération pour la régularisation du régime d'un grand cours d'eau. 184

CINQUIEME PARTIE.

Colmatage. 191
Exposé du système de colmatage naturel. 197

SIXIÈME PARTIE.

PHYSIQUE TERRESTRE.

Pages.

Considérations générales 209

§ 1. Discussion de la théorie glaciaire de M. Cézanne 212

§ 2. Influence géologique du phénomène torrentiel. — Généralités. 233

Forme du globe terrestre 239

Preuves de la théorie torrentielle tirées de la composition des roches et de leur position 258

Torrents solaires 267

ÉPILOGUE 275

FIN DE LA TABLE DES MATIÈRES.

INDEX ALPHABÉTIQUE

DES

PRINCIPAUX AUTEURS OU RECUEILS MENTIONNÉS DANS CE VOLUME.

Pages.

Étude sur les torrents des Hautes-Alpes, par M. Alexandre Surell, 2e édition, avec une suite, par M. Ernest Cézanne. 3

Étude sur les torrents des Alpes, par M. Scipion Gras. 16

Mémoire sur les retenues de graviers, par M. Philippe Breton. . 17

Bellegrand 180

Breton (Philippe). 3, 17, 22, 58, 60, 91, 92, 95, 96, 102, 103, 112, 131, 132

Cézanne. 3, 77, 109, 132, 133, 135, 162, 164, 177, 178, 181, 184, 211, 212, 214, 216, 218, 219, 221, 224, 228, 229, 230

Chappe. 251

Collomb. 211, 212 214

Cunit 58, 61

Dufrénoy. 230

Élie de Beaumont. 230, 261

Erman (Adolphe) 254, 255

Pages.

Faye. 256, 267

Frémont. 251, 253

Gentil. 153

Gras (Scipion). 3, 16, 21, 73, 112, 131, 132, 135, 136, 194, 204, 216

Humboldt. 248, 250, 251, 255, 259, 266

Laplace. 15, 238, 265, 266, 273

Leibnitz. 15

Mardigny (de). 181, 182, 184

Martins (Charles). 211, 212, 214

Newton. 15, 65

Surell. 3, 4, 11, 69, 73, 74, 94, 98, 102, 103, 104, 111, 112, 120, 130, 162

Saussure 266

Walker (Joseph). 253

FIN DE L'INDEX ALPHABÉTIQUE.

Torrent de Boscodon. Profil en long du cône de déjection.

Longueurs $\frac{1}{10000}$
Hauteurs $\frac{1}{2500}$

Niveau de la Durance — Rive gauche de la Durance

Calculs

Longueurs	1-2	3.40	0,054 × 480 = 25.920
	2-3	3.44	0,054 × 496 = 26.784
	3-4	4.42	0,069 × 527 = 36.363
	4-5	4.48	0,071 × 496 = 35.216
	5-6	4.60	0,072 × 550 = 39.600
	6-7	5.08	0,080 × 470 = 37.600
	7-8	5.24	0,083 × 650 = 53.950

		Inclinaison	Déclinaison
Angles	1	3.40	
	2	3.44	199.96
	3	4.42	199.02
	4	4.48	199.94
	5	4.60	199.88
	6	5.08	199.52
	7	5.24	199.84

Torrent de Vachères. Profil en long du cône de déjection.

Longueurs $\frac{1}{1250}$.
Hauteurs 0,005 pour 1m

Niveau de la Durance — Rive gauche de la Durance

Longueurs	1-2	2.34	0,037 × 50 = 1.85
	2-3	2.70	0,043 × 50 = 2.15
	3-4	2.44	0,039 × 50 = 1.95
	4-5	2.28	0,036 × 78 = 2.808
	5-6	2.20	0,035 × 50 = 1.75
	6-7	2.04	0,032 × 80 = 2.56

Angles	1	2.34	
	2	2.70	199.64
	3	2.44	200.26
	4	2.28	200.16
	5	2.20	200.08
	6	2.04	200.16

Torrent de Merdarel. Profil en long du cône de déjection.

Longueurs $\frac{1}{5000}$
Hauteurs $\frac{1}{2500}$

Sommet du cône de déjection — Niveau de la Durance — Rive droite de la Durance

Longueurs	1-2	6.84	88,9×0,107=9.51	Angles	1	6.84	
	2-3	6.64	36,7×0,104=3.82		2	6.64	199.80
	3-4	7.00	92,7×0,110=10.20		3	7.00	200.36
	4-5	2.50	63,6×0,039=2.48		4	2.50	195.50
	5-6	7.24	80,8×0,114=9.14		5	7.24	204.74
	6-7	7.36	68,7×0,117=8.04		6	7.36	200.12
	7-8	5.32	66,4×0,084=5.58		7	5.32	197.96
	8-9	5.38	57,8×0,084=4.85		8	5.38	199.96
	9-10	5.26	51,6×0,083=4.28		9	5.26	199.98
	10-11	6.32	80,4×0,099=7.96		10	6.32	201.06
	11-12	7.00	63,8×0,110=6.95		11	7.30	200.68
	12-13	5.50	72,9×0,087=6.34		12	5.50	198.50
	13-14	6.80	54,2×0,107=5.79		13	6.80	201.30
	14-15	6.16	55,0×0,097=5.33		14	6.16	199.36
	15-16	6.88	79,-×0,109=8.61		15	6.88	200.72
	16-17	5.36	44,2×0,084=3.71		16	5.36	198.48
	17-18	6.30	68,-×0,099=6.75		17	6.30	200.94
	18-19	11.92	17,8×0,189=3.25		18	11.92	205.62

Établt et impr.ie de J. Baudry, à Liège.

Torrent de Ste Marthe. Profil en long du cône de déjection.

Profil en travers.

Longueurs $\frac{1}{5000}$

Hauteurs $\frac{1}{2500}$

Calculs

Profil en long

Sommets	Angles	Longueurs	Inclinaison		Déclinaison
0-1	4°.50	0,071×273=19m.38	5°.50		
1-2	4.40	0,069×113=7.80	4.40	1	200°.25
2-3	5.00	0,079×197=15.56	5.00	2	199.40
3-4	4.80	0,076×285=21.66	4.80	3	200.20
4-5	5.60	0,088×236=20.76	5.60	4	199.80
5-6	5.12	0,080×280,2=24.41	5.12	5	200.48
6-7	5.60	0,088×108=9.50	5.60	6	199.52
7-8	5.16	0,081×103,4=8.37	5.16	7	200.44

Calculs

Profil en travers

Sommets	Angles	Longueurs	Inclinaison		Déclinaison
0-1	+3°.44	0,054×224=12.09	+3°.44		
1-2	4.46	0,070×85,2=5.96	+4.46	1	198°.98
2-3	2.90	0,046×175=8.05	+2.90	2	201.56
3-4	3.32	0,052×100,2=5.21	+3.52	3	199.58
4-5	−2.88	0,046×102,5=4.72	−5.88	4	206.20
5-6	2.70	0,043×69=2.96	−2.70	5	199.82
6-7	4.30	0,060×100,8=6.65	−4.80	6	201.50
7-8	3.78	0,060×167=10.02	−3.78	7	199.58

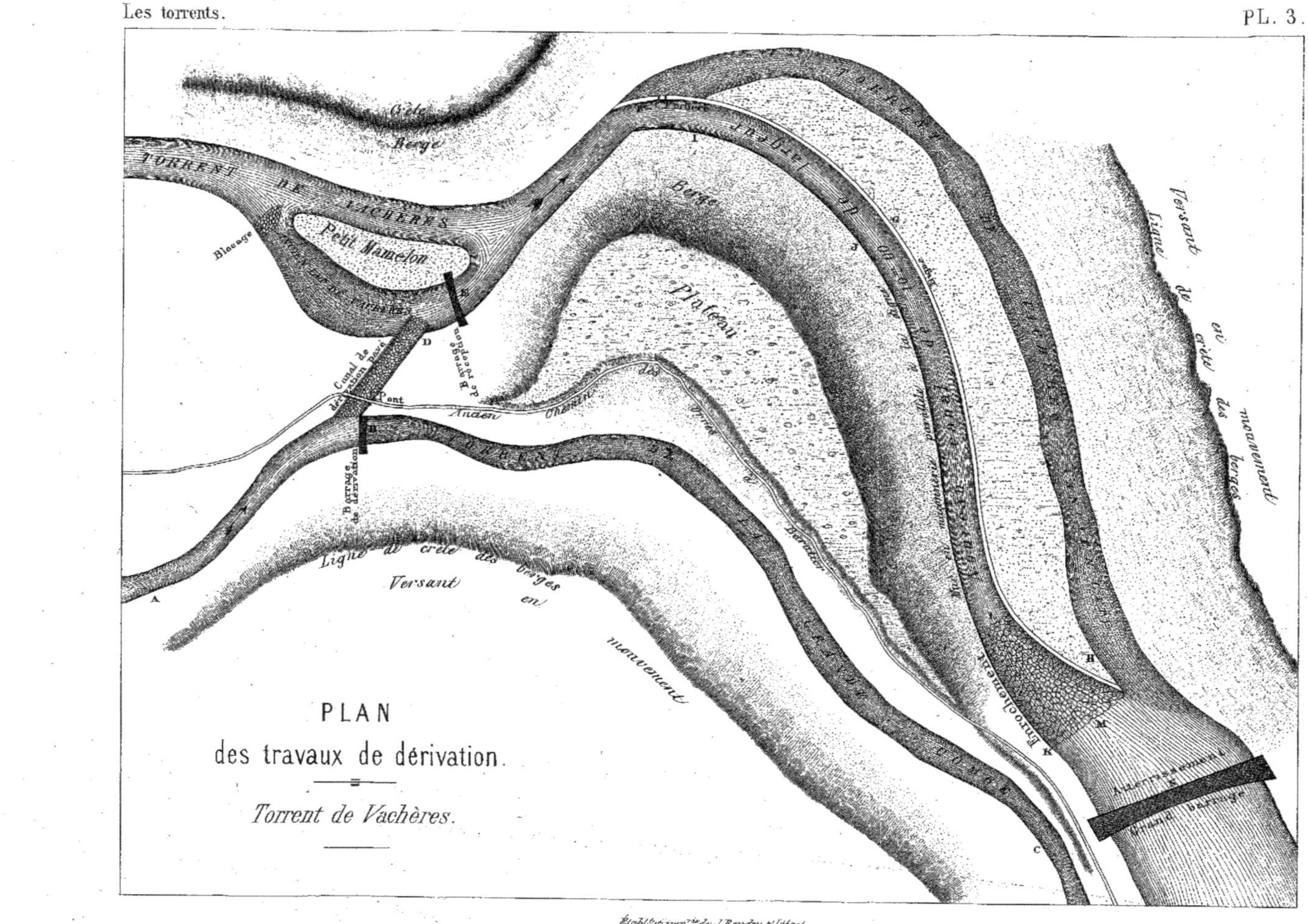

PLAN
des travaux de dérivation.

Torrent de Vachères.

Établ^t et imp^rie de J. Baudry, à Liège.

EXTRAIT DU CATALOGUE

DE LA

LIBRAIRIE POLYTECHNIQUE DE J. BAUDRY

ÉDITEUR A PARIS

15, RUE DES SAINTS-PÈRES, 15.

BURAT (Amédée), professeur d'exploitation des mines à l'École centrale des arts et manufactures. **Géologie de la France.** 1 vol. gr. in-8, avec de nombreuses gravures intercalées dans le texte. 16 fr.

—— **Minéralogie appliquée**, description des minéraux employés dans les industries métallurgiques et manufacturières, dans les constructions et dans l'ornement. 1 vol. in-8, avec 224 figures intercalées dans le texte. 10 fr.

BRUÈRE, ingénieur aux chemins de fer de l'Est. **Traité de Consolidation des talus, routes, canaux et chemins de fer,** contenant des explications fort étendues sur les causes des éboulements, la description des procédés de consolidation, le prix de revient obtenu pour 296,000 mètres carrés de talus, et une analyse des systèmes les plus connus, avec un examen de ces principes. 1 vol. in-18 jésus et un atlas de 25 planches in-4. 10 fr.

DUPLESSIS, répétiteur de génie rural à l'École de Grignon. **Traité du levé des plans et de l'arpentage,** 1 vol. in-8 avec 105 figures dans le texte. 4 fr.

GOSCHLER, ingénieur. Traité pratique de **l'entretien et de l'exploitation des chemins de fer,** à l'usage des ingénieurs, des agents de chemins de fer, des constructeurs et fournisseurs de matériel, et des élèves des écoles spéciales, comprenant des notions générales sur les études, les tracés et la construction des chemins de fer, et sur leur entretien et leur exploitation. 4 gros volumes in-8, avec de nombreuses gravures dans le texte, et 1 atlas in-8 de 35 pl. Nouvelle édition.

En vente : les tomes I et II avec l'atlas, comprenant tout le service de la voie. 32 fr.

—— **Les Chemins de fer nécessaires.** 1 vol. in-8 avec 7 planches. 7 fr.

MARY, inspecteur général des ponts et chaussées, professeur à cette École et à l'École centrale des arts et manufactures. **Cours de routes et ponts,** professé à l'École centrale. 1 vol. in-4 avec atlas de 68 planches in-folio (dont 15 planches nouvelles se rapportant aux travaux d'art les plus remarquables exécutés depuis la dernière édition). 45 fr.

PRUD'HOMME (L.), ingénieur civil, conducteur au corps des ponts et chaussées. **Cours pratique de construction,** rédigé conformément au paragraphe cinq du programme officiel des connaissances pratiques exigées pour devenir ingénieur. 2 volumes in-8, accompagnées de 330 figures dans le texte. 15 fr.

Terrassements, — ouvrages d'art, — conduite des travaux, — matériel, — fondations, — draguage, — mortiers et bétons, — maçonnerie, — bois, — métaux, — peinture, — jaugeage des eaux, — règlements des usines, — etc., — etc., — à l'usage des ingénieurs et des conducteurs des ponts et chaussées et des chemins de fer, des agents voyers, des architectes et des entrepreneurs de travaux publics, des ingénieurs des mines, des garde-mines, des officiers et gardes du génie et de l'artillerie, des inspecteurs et gardes généraux des forêts.

LEJEUNE, ingénieur des arts et manufactures, professeur de Coupe de pierres. **Traité pratique de la coupe des pierres,** précédé de toute la partie de la **géométrie descriptive** qui trouve son application dans la coupe des pierres. 1 vol. de texte et in-4 de 600 pages, et 1 atlas in-8 de 59 planches contenant 381 figures. 40 fr.

CHAMPION (P.), chimiste, attaché à l'État-major du général Tripier pour l'emploi de la Dynamite. **La Dynamite et la Nitroglycérine.** Historique. — Préparation. — Propriétés. — Emploi. — Modes d'explosion. — Appareils électriques, etc. — Applications à l'industrie et à la guerre. Torpilles. 1 vol. in-18 jésus avec de nombreuses gravures sur bois. 4 fr.

RONNA (A.), ingénieur. **Assainissement des villes et des cours d'eau. Égouts et irrigations.** 1 vol. in-8 avec planches. 12 fr.

MALHERBE. **De l'Assainissement des villes.** (Mémoire couronné par la Société des sciences, des arts et des lettres du Hainaut.) 1 vol. in-8, avec 5 pl. 4 fr.

WOJCIECHOWSKI, ancien élève à l'École des ponts et chaussées. **Nouvelle Méthode pour le calcul exact des aires de déblai et remblai** sans le rapport des profils en travers. 1 vol. in-12, avec planches. 1 fr. 50

VASSELON. **Carnet du conducteur des travaux.** Recueil de formules, tables, renseignements pratiques et documents concernant la construction, à l'usage des ingénieurs, conducteurs, agents voyers, etc., etc. 1 vol. élégamment cartonné. 6 fr. 75

SIMONIN, ingénieur. **La Richesse minérale en France.** In-8. 2 fr. 50

DUVILLERS. **Les Parcs et jardins,** 1 beau volume in-folio de 40 planches avec texte. 100 fr.

Paris. — Typographie Georges Chamerot, rue des Saints-Pères, 19.

www.ingramcontent.com/pod-product-compliance
Ingram Content Group UK Ltd.
Pitfield, Milton Keynes, MK11 3LW, UK
UKHW020311230726
13925UKWH00001B/339